怀孕280天就要这样吃

郭玉芳 著

U0225728

中国妇女出版社

图书在版编目（CIP）数据

怀孕280天就要这样吃 / 郭玉芳著. — 北京 ：中国
妇女出版社，2013.6
ISBN 978-7-5127-0711-5

Ⅰ．①怀… Ⅱ．①郭… Ⅲ．①孕妇－妇幼保健－菜谱
Ⅳ．①TS972.164

中国版本图书馆CIP数据核字（2013）第110430号

怀孕280天就要这样吃

作　　者：郭玉芳　著
策划编辑：张冬霞
责任编辑：路　杨
版式设计：陈　辉　邹红梅
封面设计：艺　尚
责任印制：王卫东
出版发行：中国妇女出版社
地　　址：北京市东城区史家胡同甲24号　　邮政编码：100010
电　　话：(010) 65133160（发行部）　　65133161（邮购）
网　　址：http://www.womenbooks.com.cn
经　　销：各地新华书店
印　　刷：深圳市彩之欣印刷有限公司
开　　本：185×260　1/16
印　　张：7.5
字　　数：137千字
版　　次：2014年1月第1版
印　　次：2014年6月第2次
书　　号：ISBN 978-7-5127-0711-5
定　　价：32.80元

妈妈的健康
是胎宝宝成长的基础

每一个可爱又美丽的生命，都是妈妈辛苦怀胎10个月，经历许多的酸甜苦辣才孕育诞生的。

回想孕育3个孩子的过程，我都有不同的感受。第一个孩子生下后，由于发现患有罕见疾病，让我在怀第二胎的过程中更加小心，也更多了一份忧郁的情愫。从预备怀孕前的调养，到怀孕后的每个过程，我特别注意加强天然食物和营养的调理，也小心地配合医生每次的产检和特殊的检查。在我平安生下老二时，一切的担忧才终于放下了。而怀老三时，因为发现是前置胎盘，又是高龄产妇，怀孕过程中几次出现了大量出血须紧急就医的情形。幸好都是有惊无险，终于在医院平安地产下幺儿。

如今看着每个孩子长大了，回想起过往，我深切地体会到母体的健康是胎宝宝的依靠，完整的营养和良好的生活方式是胎宝宝成长得好的基础。胎宝宝在健康和爱的280天孕育，相信每个生命都是令人期待的。

过去社会物资不足，现在的我们真得感谢生活的富足、便捷及舒适，每位妈妈都可孕育可爱又健康的胎宝宝。因此，如何从让每个胎宝宝不输在人生的起跑点上，如何应对怀孕初期的害喜过程，如何在中后期让胎宝宝稳定成长，各阶段应如何摄取足够而适合的营养，是撰写这本书的宗旨。同时，我也以祝福和共勉的心情，和所有准妈妈们一起孕育和期待可爱的胎宝宝诞生。

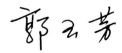

郭云芳

Preface

本书使用说明 How to Use....

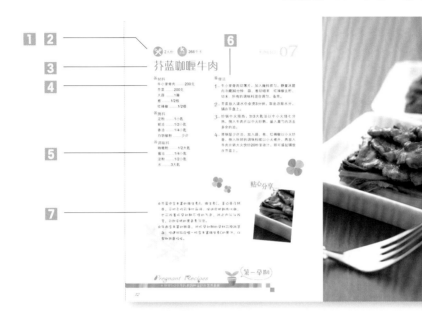

1 参考分量：本道菜参考的食用人数，读者可依此比例略增加分量即为多人份。

2 热量：由本道菜配方、分量，计算出1人份的热量。

3 食谱名称：为本道菜的中文名称，通常以主材料命名，使读者一看即明白。

4 材料：说明使用材料的种类及其分量。

5 调味料：制作本道菜所需要的调味料及其分量。

6 做法：制作本道菜所需的详细烹调步骤与方法。

7 贴心分享：说明本食谱及使用的食材对每阶段准妈妈、胎宝宝的帮助，以及准妈妈额外要注意的一些事项。

《烹调相关说明》

● 每道食谱中所标示克的分量均为实际的重量，包含不可食用部分如海鲜的壳、排骨的骨头、蔬果皮、果蒂、籽等的重量；所有的生鲜食材及蔬菜请洗净后再使用。

● 调味料计量换算：

1杯 = 200毫升

1大匙 = 15克(毫升) = 3小匙

1小匙 = 5克(毫升)

Contents

PART1

甜蜜又辛苦的孕早期

love Cooking 精选23道最适合孕早期的佳肴！

PART 2

恣意享受幸福的孕中期

love Cooking 精选23道最适合孕中期的佳肴！

PART 3

期待新生命的孕晚期

love Cooking 精选22道最适合孕晚期的佳肴！

About Pregnancy

怀孕280天全对策

你是不是怀孕时心中总是有一堆的问题：
可以吃油炸食物吗？可以吃冰吗？可以泡温泉吗？……
针对准妈妈常有的疑问和困扰，在此列出解决方法，
让你安然度过这幸福又甜蜜的280天！

我怀孕了吗

生理期没来，出现恶心、呕吐的症状，就是怀孕了吗？要如何确认呢？

确认怀孕的方法

月经是判断是否怀孕的常见依据，在未避孕的情况下，月经突然不来，就有可能是怀孕了。但为求万无一失，还是需要利用更科学、更准确的方式来做进一步的确认，才能完全确定是否真正怀孕。

月经周期规律（28天）的女性，受孕14天之后（也就是距离前一次月经28天以上）用药房售卖的验孕试剂就可验出是否怀孕；若怕不准确，可到妇产科验尿，如果尿液中验出足够浓度的hCG（人绒毛膜促性腺激素），就是真的确定要当妈妈了。

另外，怀孕5周就可以确认胚胎囊位置，最早在7周时就能听到胎心音，医生会根据怀孕周数透过腹部或阴道超声波来确认。

怀孕的征兆

大部分的准妈妈在怀孕前期会有一些身体不适的情况发生，一开始可出现莫名的疲倦、嗜睡，乳房胀痛或乳头刺痛、腹部闷痛、身体微发热（因基础体温升高）等的症状，再过一阵子又出现恶心、呕吐、没有食欲等害喜症状，特别是清晨或空腹时最明显。虽然这些症状让准妈妈很不舒服，多少会影响到生活品质，但却也是等同于怀孕的喜讯，所以不妨放松心情来看待这些生理上的变化。

害喜症状出现的原因至今仍众说纷纭，主要视妈妈的体质而定，目前比较多的医学研究指出，害喜的不适程度是受到体内激素变化，使人类绒毛膜促性腺激素急速上升所致，而且程度会随着个人压力的大小加重或减轻。因此，害喜是正常的生理反应，只是症状会因人而异。

▼验孕方法比一比

确认方法	确认时间	优、缺点
月经	月经超过正常经期1周没来	容易受个人身心状况影响，准确率较低
验孕试纸	月经超过正常经期1周没来	市面上验孕棒的品质良莠不齐，有可能出现假阳性与假阴性，准确率中等
阴道超声波	怀孕满5～6周	直接照到妊娠囊，准确率高
腹部超声波	怀孕满6～7周	直接照到孕囊，准确率高，但时间较阴道超声波晚1个星期

预产期的计算

月经周期规律的女性，其胎宝宝可能出生的日期（预产期）就是根据最后一次月经的时间来推算的。最后一次月经的月份是4～12月就减3个月，若是1～3月则加9个月，就是胎宝宝的出生月份；最后一次月经的第一天日期加7，就是胎宝宝的出生日期。

例如：最后一次月经是10月18日

$$10 - 3 = 7 \qquad 18 + 7 = 25$$

※预产期就是隔年的7月25日

但如果月经不规则，则可能要在妊娠7～9周时，靠超声波来估计胎宝宝周数，以求得准确的预产期。

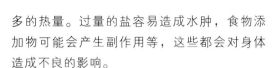

怀孕期间怎么吃

饮食方面是准妈妈在整个怀孕期间都必须要特别注意的生活细节。虽然身边的长辈、朋友也会给予许多建议，但其中有些资讯可能会有谬误，准妈妈们应该要自己学会分辨，并特别注意怀孕期间的饮食注意事项，才会使自己和胎宝宝都能维持健康，并为胎宝宝的身体发育打下良好的基础。

原则 1 天然的食物

"天然"是选择食物最重要的原则，因为天然的食物才能保有食物最新鲜、最自然、最原本的营养成分。准妈妈和胎宝宝最需要的就是健康无污染的营养来源，像当季的新鲜蔬菜和水果，未经过加工、腌制的肉类，橄榄油和菜籽油等非人工合成油脂，还有纯净卫生的饮水等，都是最好的食物来源。

相反的，非天然的食物如使用精制材料烘焙的糕饼类、罐头类、盐渍的酱菜类、火腿、香肠、咸蛋及糖渍的蜜饯、烟熏与油炸的食物等，它们的营养成分容易在制作过程中被破坏，同时因为增加许多副材料如盐、糖、油等而多出许多空热量（高热量，低营养）。这类食物不但会让肚子有饱足感，影响其他食物营养成分的吸收，而且会吃进过多的热量。过量的盐容易造成水肿，食物添加物可能会产生副作用等，这些都会对身体造成不良的影响。

所以，非天然的食物可以说是很不经济的食物，准妈妈应该向这些食物说"不"！

原则 2 均衡吃，吃重点

我们每天都需要蛋白质、淀粉、维生素、矿物质、纤维素和水这些营养素来维持正常的生理功能，准妈妈更是要平均摄取才能获得均衡而充足的营养，供自己和胎宝宝所需，所以准妈妈不要偏废这些营养素。

但怀孕初期的准妈妈可能会因为害喜而孕吐和食欲不佳，这时就需要请教医生是否应适时地补充综合维生素，以确保能够摄取足够的营养素。

除了要均衡吃以外，准妈妈会有特殊的生理变化，加上要孕育新生命，因此需要特别增加：准妈妈生理与胎宝宝发育所需的蛋白质；避免贫血的铁质、叶酸；维持正常生理功能所需的维生素，以及能避免准妈妈便秘的纤维素和水，这样才能应付怀孕期间对营养的特殊需求！

适合的食物：
各种肉类、新鲜蔬菜和水果、水。

不适合的食物：
罐头类、盐渍的酱菜类、火腿、香肠、咸蛋及糖渍的蜜饯、烟熏与油炸的食物。

关于吃：
准妈妈最想知道的 Q&A

Q1 怀孕不能吃冰或生鱼片吗？

A 常听老一辈的人说："怀孕的时候最好别吃生冷食物，像刨冰、冰淇淋、冰凉的饮料和生鱼片等，不然生出的胎宝宝气管会不好。"其实，这是没有医学根据的，因为以前的冰或生食有可能不干净或不新鲜，所以禁止准妈妈吃。但是吃多了冰的食物可能会引起子宫收缩、肠胃不舒服，也可能造成子宫痉挛，而且冰制食品中含有过多的糖、化学色素及添加物，所以建议最好适可而止。

Q2 怀孕时能不能喝咖啡及奶茶？

A 经研究证实，怀孕期间，一天若喝3杯(150毫升)现煮咖啡或4杯速溶咖啡，会喝到超过300毫克的咖啡因，有造成流产、生出畸胎及造成胎宝宝发育迟缓的危险，建议习惯喝咖啡的准妈妈们，最好改喝无咖啡因的咖啡，若真的要喝，最多一天1杯，并多喝水帮助代谢。

而奶茶除了含咖啡因外，还有单宁酸，会妨碍铁质的吸收，容易造成缺铁性贫血。因此为了胎宝宝好，这些含咖啡因的饮料最好还是尽量少喝！

Q3 怀孕不能吃麻辣火锅吗？

A 麻辣火锅是许多爱好美食者的最爱！不过，麻辣火锅的油会造成多余热量的囤积，麻辣会刺激肠胃而造成腹泻，重口味的汤也容易使准妈妈发生水肿甚至会因高钠而引发妊娠高血压疾病。麻辣火锅汤中所需的中药包，里面可能会有肉桂、红花等，这些都是不利于胎宝宝着床、容易导致流产的特殊药材。所以，麻辣火锅真的不太适宜准妈妈享用。

Q4 怀孕时不能吃蜂蜜？

A 民间认为蜂蜜是致敏原之一，并说怀孕不宜吃蜂蜜。其实蜂蜜含有许多丰富的营养成分，如糖分、消化酵素、B族维生素、维生素C等，是很好的营养补品；中医也认为蜂蜜有润肠通便的功效，能有效缓解准妈妈容易便秘的问题。

因此，准妈妈适当补充蜂蜜水是有好处的。只是蜂蜜的营养素容易招惹多种细菌，1岁以下的婴幼儿因为肠胃功能还未发育成熟，容易中毒、腹泻，但对准妈妈来说是无害的，可以安心食用。

Q5 怀孕时不能吃油炸食物？

A 有些准妈妈因为害喜而食欲不佳，唯独只想吃炸得香喷喷的炸鸡、盐酥鸡。只是油炸食物的热量极高，不容易消化，会影响其他营养素的吸收，使得准妈妈营养不均衡、虚胖，甚至有可能会让孕吐更严重，再加上外卖的油炸食物用的食用油可能不卫生或是含有致癌物质，建议少吃为妙！

怀孕期间
生活上一定要注意的事

准妈妈的身体在怀孕期间会产生微妙的变化，每天除了随着胎宝宝在子宫内发育成长准妈妈的肚子也跟着一天天隆起之外，母体也会因为自身激素的变化而使身体产生些微的不适。所以，在这个"非常时期"里，除了饮食要力求营养均衡外，生活上还有一些其他方面需要特别留意。

合理控制体重

准妈妈的体重，并非完全顺其自然发展就好。一般建议准妈妈每日摄取热量约2500千卡，此外，随着体内胎宝宝长大的速度，准妈妈还要注意体重的变化，并非吃得愈多、胖得愈快，胎宝宝就长得愈好。

怀孕期间的体重增加是渐进式的，初期3个月约可增加2千克~3千克，中后期每周可增加0.5千克，整个孕期合理的增重范围大约是12千克~16千克。

在怀孕期间，准妈妈千万别为了漂亮、怕身材变形，就克制自己的食欲，使体重增加缓慢或停止增加，因为这会妨碍胎宝宝的成长。从另一方面来说，怀孕也不应该食欲大增、暴饮暴食且缺乏节制，让体重迅速往上飙，否则过重的体重会增加母体的负荷，使准妈妈容易疲劳和发生静脉曲张。另外，胎宝宝养得过大，产妇在生产时的困难度和风险增加，产后也不易减掉多余的体重。因此，过与不及都不好，体重还是应该维持在一定的合理范围才健康。

保持心情愉快

研究发现，准妈妈的情绪确实会影响胎宝宝。如果准妈妈常有紧张、焦虑、悲伤、忧郁、愤怒等负面的情绪，母体的内分泌系统就会产生些微的异常，而这些轻微的变化却足以影响胎宝宝的大脑发育和日后行为态度的发展。

所以准妈妈应保持心情愉快、轻松、开朗，注意情绪才是最好的"胎教"，多散步和听轻音乐可以帮助心情稳定，准妈妈不妨一试。

多休息，不操劳

准妈妈在怀孕初期容易犯困和嗜睡，这是因为身体划分出部分能量供胎宝宝所需，所以准妈妈的体力和精力会比未怀孕时要稍微差一点。同理，准妈妈正因为体力容易不济，所以不能太过操劳，建议可以调整工作步调，请家人分担家务，保持睡眠充足，避免长途旅行等。

Weight gain	
●怀孕体重增加数	
孕期	体重增加数
早期 (1~3个月)	2千克~3千克
中期 (4~6个月)	5千克~7千克
晚期 (7个月~生产)	5千克~6千克
总重量	12千克~16千克

戒除不良的习惯

有些不太好的生活习惯在未怀孕时可能还无妨，但在怀孕时期，这些习惯却会带来不好的影响，特别是抽烟。抽烟可能会造成胎宝宝的体重不足、早产或死胎；酗酒也会生出体重较轻、智能发育迟缓或是畸形的胎宝宝。由于酒类并没有所谓的安全剂量标准，准妈妈要尽量避免喝酒。

其他如喝咖啡和茶、熬夜、乱吃药、看电视或使用电脑而久坐不起等，都会直接影响母体的健康，间接影响胎宝宝的生长。为了胎宝宝和自己的健康着想，准妈妈还是下决心来戒除不良的生活习惯吧！

安抚自己的身体

因为怀孕的缘故，有些准妈妈的身体会有或多或少的敏感变化：腿容易抽筋，因为看电视、电脑太久而发生头痛，因为胎宝宝压迫而容易下肢水肿，背部肌肉紧绷而发生背痛，容易便秘，阴道分泌物增多，易发生静脉曲张等，各种情况可能因人而异。此时，准妈妈更应该要聆听身体的声音，疼爱自己，适度处理，如分泌物多时可使用卫生棉垫、穿宽松一点的衣物、鞋子等，这样可缓解不适的感觉。

性生活可正常

许多准妈妈以为怀孕之后就不能有性生活，怕影响到胎宝宝。事实上，除非准妈妈之前曾有早产、流产或是有阴道出血、腹痛等情况，会限制最初3个月内或最后2个月不可有性行为，不然可以一切照旧，只要动作别过于激烈。甚至有些准妈妈在怀孕中期后，性欲会明显增加，比怀孕前更容易享受到高潮与性爱的乐趣。

定期产检

产检可掌握准妈妈与胎宝宝的状况，早发现问题好调整、改善。通常每次产检都会测量准妈妈的体重、血压、胎心音、尿液，并视每个阶段需要安排抽血（梅毒、艾滋病、乙肝、风疹）；还有遗传筛检如母血唐氏症筛检、羊膜穿刺术检查、妊娠糖尿病筛检、高层次精密超声波等）。超声波一般安排在第20周，用来检查胎宝宝的器官发育是否完全。

理想的检查次数是怀孕6～8周内，就要进行第一次妊娠评估；怀孕3～7个月间，每月产检一次；7个月后，每两周检查一次；9个月后则每周检查一次，以确保母体和胎宝宝的健康。全部理想检查次数为10～15次。

怀孕期间的危险征象

除了定期的产检外，整个怀孕时期还应注意，若发现有下列现象，应该立即就医：

1. 阴道流血或有血色的分泌物，无论量的多少。
2. 持续性或严重性的恶心、呕吐。
3. 视力模糊。
4. 胎动异常、消失或显著减少。
5. 持续性或剧烈的头痛，伴随颈部僵硬。
6. 脸部或手部的水肿不消退及体重增加太快。
7. 突然发烧、畏寒。
8. 尿量明显减少或小便时有疼痛的感觉。
9. 持续性或剧烈的腹部疼痛。
10. 血压升高。
11. 阴道突然有液体流出。

关于生活：
准妈妈最想知道的 Q & A

Q1 怀孕时可以吃药吗?

A 药物具有疗效，但也会有副作用，如果作用在还未发育完全的胎宝宝身上时，更容易产生可怕的后果和永久的伤害。所以大多数的人知道准妈妈应该尽量少吃西药。但是，怀孕的时间将近一年，如果准妈妈不小心感冒、生病不舒服，还是需要吃药治疗的。

这时需要把握最重要的原则：最好是先看妇产科医生，他会针对准妈妈的状况，开出不会伤到胎宝宝的药物，若是看一般科室，一定要先表明自己是准妈妈。

准妈妈如果想利用中药来安胎和进补，也一定要请合格的医生把脉诊断，针对个人体质下药，最好不要听信偏方或贪图方便随便吃中药，以免造成遗憾。

Q2 怀孕期间是否需要额外补充营养剂?

A 准妈妈在怀孕期间是"一人吃两人补"，营养的需求量确实比较高，为了胎宝宝着想，有些准妈妈会补充营养剂，像补血的铁剂、叶酸、综合维生素、鱼肝油、钙片等，总觉得这样才营养充足。

其实，准妈妈如果平时营养摄入足够且均衡，不一定要吃这些补充剂。若要补充，建议孕早期(怀孕前3个月)可服用叶酸。另外，专给准妈妈吃的综合维生素，建议等满3个月再吃，因为胎宝宝初期所需营养不多，从妈妈饮食中摄取就够了。

Q3 怀孕时能不能泡温泉、泡澡呢?

A 秋冬季节是泡温泉的最好时机，但这种场所的门口常贴有"准妈妈不宜"的标语，让想去泡温泉的准妈妈感到扫兴。怀孕时真的不能泡温泉吗?

答案是肯定的。这是因为怀孕会使准妈妈血液的体积比平时多增加40%~60%，血管的收缩能力也变弱，如果泡在热水中太久，起身的时候就容易胸闷、心悸、头昏，甚至会发生跌倒的意外，而且温泉会使准妈妈的体温升高，有可能会间接影响胎宝宝神经细胞初期的生长。

不过，泡澡和泡温泉也能适时减轻准妈妈腰酸背痛的症状，缓解身心压力，所以，准妈妈如果想泡温泉，只要避开怀孕初期，注意水温和浸泡的时间，并适当的补充水分和电解质，还是可以享受这种乐趣的!

Q4 怀孕时电脑及微波炉的辐射会影响胎宝宝吗？

A 辐射线是造成细胞不正常分裂与增生的可怕杀手，而且它几乎无所不在，只要是电器用品，或多或少都会在操作中释放出微量的辐射线，所以女性在怀孕期间，应该要尽量避开高辐射量的环境，让胎宝宝不要受到威胁。

例如：微波炉在启动加热的一瞬间会放出最多的辐射量，准妈妈可以先关好门再启动，并保持1米以上的安全距离。准妈妈接触微波炉还可能造成腹中的羊水温度升高，影响胎宝宝健康。

另外，电脑、吹风机、电视等，准妈妈最好与之保持适当距离，并减少使用的时间，这样就可以把危险的程度降低许多了。

Q5 适合怀孕期的运动有哪些？可以骑自行车吗？

A 运动是维持健康的不二选择，准妈妈也不例外，而且运动还可以帮助准妈妈维持适当的体重与身材、增加体力、减少便秘和水肿的发生，让生产过程更顺利等，好处多多。所以，身体健康状况良好的准妈妈可以从事温和的运动，像散步、游泳、瑜伽、简单的体操等，并配合间歇休息来进行，不要太过劳累。

至于近年乐活族所喜爱的自行车运动，由于路况不易掌握，建议准妈妈骑健身用的脚踏车比较安全。

Q6 怀孕时能不能坐飞机旅行呢？

A 怀孕初期对胎宝宝来说是关键期，因为这时候胚胎着床还未完全稳定，准妈妈疲劳容易导致流产，而且有些准妈妈会有孕吐、晕眩等不适，而飞机上气压变化会加重这些症状，建议准妈妈孕期前3个月尽量不要坐飞机出游。

另外，机舱内低温、低压、低氧的环境容易刺激早产，因此航空公司规定怀孕36周以上的准妈妈须出示医生证明才能登机。

所以，怀孕期间适合搭机出游的时间，为4～7个月，而前3个月与8个月后，应该避免搭机旅行。而且长途飞行久坐容易使准妈妈下肢水肿、血液回流不良，建议尽量走动、按摩双脚或以短程旅行为佳。

Q7 怀孕时可以染烫发吗？

A 染发剂通常含有脱色剂和上色剂，其中脱色剂的主要成分是把头发黑色素分解的化学制剂(过硫酸铵、过硫酸钾等)，卫生部门曾指出它会沉积在体内，对人体造成伤害，因此民间才会有生理期不宜染发的说法。

怀孕也同此理，未发育完全的小胎宝宝对这些化学药剂更是没有招架之力，所以在怀孕期间，建议准妈妈暂时放弃染发的计划。

至于烫发，目前并没有对胎宝宝造成影响的报告，但建议最好等怀孕3个月以后再做。

常见怀孕禁忌大破解

在现代人的眼中，这些常见的禁忌大多不合理或不方便，
但在传统禁忌的背后，有许多古人的深意在其中，
准妈妈和准爸爸还是不妨斟酌参考。

在中国人的传统观念里，传宗接代是延续家族最重要的使命，因此怀孕生子在古代是非常重要而难得的喜事，所有亲人都希望10个月的孕期能一切顺利，胎宝宝也能健康聪明。所以，许多关于怀孕的禁忌和注意事项就这么流传了下来。

禁忌1 不可以拍准妈妈肩膀？

古时候，因为怕准妈妈受到惊吓导致流产，因而有此一说。女性怀孕期间情绪容易紧张、烦躁，不过根据医学报告指出，准妈妈紧张时所分泌出的肾上腺素会让胎宝宝动得比较厉害，但对于影响受精卵着床的成功率，影响并不大。

禁忌2 怀孕期间不能拿刀具？

除了剪刀、菜刀之外，针线等锐利的器具也在禁止之列，古时候认为准妈妈拿这类器物会使胎宝宝容易产生身体上的缺陷。其实，会接触到以上的器具的准妈妈，大都是体力劳动者，此类准妈妈需要多休息，不能太过劳累。所以，在了解了古人想要体贴准妈妈的原意之后，禁忌就没那么可怕了。

禁忌3 准妈妈不可以参加婚丧喜庆？

喜事包括参加亲友的喜宴、吃喜糖、进入新娘的新房，与其他准妈妈同在一个房间；丧事包括触摸棺木或丧家物品等。

以现在科学的眼光来看这项禁忌，其实是希望准妈妈能多多安静休养，不要到人多空气流通不良的地方或避免吃到不洁的食物，而且准妈妈参加喜事或丧事，容易造成情绪上的起伏。

禁忌4 为尊敬胎神,准妈妈家里不能随便大动土木？

传说中，胎神是负责照顾准妈妈与胎宝宝的神明，而且他每天都会变换方位，所以像搬家、移动床位、大扫除、钉打墙壁、装潢、穿凿等大动作，都会惊动到神明并对他不敬，为了请胎神能保佑母子的平安，长辈们通常不忘叮咛。

但以现在的科学角度来看，搬重物有流产的危险，而且会让准妈妈重心不稳而跌倒，使发生意外的概率大增，所以准妈妈在怀孕期间，为了自身的安全家里还是暂时别大动工程的好。

禁忌5 准妈妈不能看木偶戏？

古时候的人以为木偶戏的人偶身体是中空的，便联想到准妈妈看了之后就会使胎宝宝的骨头发育不良或易受人操控。

其实，在没有电影、电视的年代，看戏是人们的一大娱乐，舞台下总是人挤人。如果准妈妈也去看戏，一旦受到推挤就容易跌倒，而且人多的地方，也特别容易传染疾病，危害准妈妈和胎宝宝的健康。所以，其本意是希望准妈妈尽量少到人多的公共场合，减少意外的发生。

综合以上的数种禁忌，其实不难发现在这些规则之后，大多是希望准妈妈减少出门的概率，多休息，在家乖乖安胎才是最安全的。

避免生出过敏儿的方法

怀孕期间控制饮食、改善居家生活的环境，就能大大地降低生出过敏儿的概率。

随着工商业社会的高度发展，我们的生活环境因为受到许多污染，使得刚出生的新生儿成为过敏儿的概率愈来愈高了。根据一些统计显示，大约每3个小宝宝就可能会有1个是过敏儿。过敏的宝宝除了自己会因过敏症状而不舒服外，父母也必须付出额外的心力来照顾胎宝宝，但幸运的是，准妈妈只要怀孕期间多用一点心，就可减少生出过敏儿的概率。

宝宝常发生的过敏疾病

所谓的过敏反应，是指身体免疫系统对外来异物的一种过度反应。1岁以内宝宝常见的过敏疾病是异位性皮肤炎、脂溢性皮肤炎等皮肤疾病，多半是在脸部，有红疹、会痒，到2岁则会出现在四肢关节处，可摸到粗糙的皮肤；过敏性鼻炎、气喘等呼吸道疾病，多在2岁以上的宝宝发作，少数会在1岁前发生。

造成过敏的原因

经研究发现，宝宝过敏的主要原因有遗传、食物与环境。所以，如果父母会过敏，生出过敏儿的概率就大为提升。更有研究显示，父母之中，只要其中一人是过敏体质，有30%的概率会生出过敏儿；若两人都是过敏体质，则有80%的概率。

预防生出过敏儿的方法

只要夫妻其中一人有过敏体质，为避免生出过敏儿，提醒准妈妈从怀孕的第4个月起最好避免食用会激发过敏的食物，如牛奶、蛋、有壳的海鲜类（虾、螃蟹、蛤蜊、牡蛎等）、坚果类、巧克力、柑橘类水果等。

另外，减少暴露在致敏环境的机会，像养宠物、抽烟、使用地毯等，也应避免。

● **生出过敏儿的概率**

爸爸健康 ＋ 妈妈过敏
→ 生出过敏宝宝的概率为30%

爸爸过敏 ＋ 妈妈健康
→ 生出过敏宝宝的概率为30%

爸爸过敏 ＋ 妈妈过敏
→ 生出过敏宝宝的概率为80%

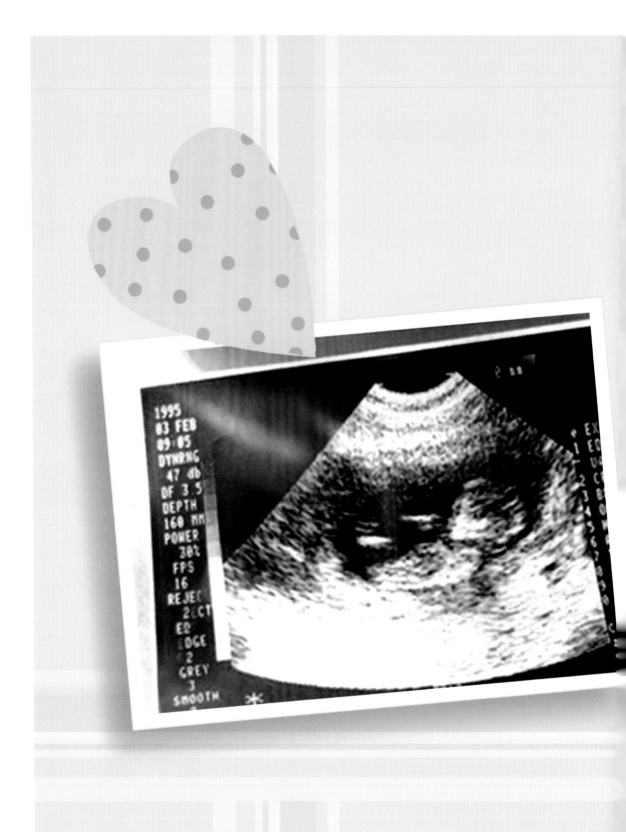

PART
1

甜蜜又辛苦的
孕早期

第一次与小宝贝儿的邂逅:
看到在超声波荧幕上跳动的小白点,
禁不住激动和兴奋起来,
肚子里真的有一个小生命!

孕早期
准妈妈的身心变化与胎宝宝的成长

黄体酮（孕酮）是在女性排卵后，由黄体分泌的一种激素，能帮助子宫内膜稳定，打造一个适合胚胎着床与发育的环境。由于怀孕期间黄体素的分泌量是平时的500倍，因此会使准妈妈出现一些不适的症状，尤其是变化最大的孕早期，准妈妈更容易发生孕吐、恶心等害喜的症状。

精卵结合之后成为胚胎，孕早期是胚胎发育最迅速的时间，所有的重要器官都将在这3个月中成形。同时，这段时间也是胚胎最危险的时期，如果准妈妈稍有不慎，胚胎可能就会伴随不正常的出血而流产，或是受到放射线、药物等不良因素的影响导致畸形。以下针对孕早期(1~3个月)这段时间，介绍准妈妈和胎宝宝的身心变化。

第1个月

○ 准妈妈的身心变化

准妈妈一向准时的月经迟到了，而且常常感到疲倦，很想睡觉。在月经应该来而没有来的两个星期后，准妈妈就可以使用验孕棒或到医院作检验，确定自己是否真的受孕了。

○ 胎宝宝的成长

准妈妈体内有一个卵子已经接受准爸爸的精子受精了，受精卵缓缓游移，想找个舒服而安全的地方着床，当成自己未来10个月里要生长的基地。在第1个月里，他将会长成一个像苹果种子差不多大小的胚胎，进入第4周时，开始长出自己的心脏和重要的神经系统。

第2个月

○ 准妈妈的身心变化

准妈妈会进一步感觉到身体的微妙变化，像恶心、头晕、无力的症状，而且没有食欲，只想吃一些酸的、重口味的东西。另外，准妈妈会因爱困而嗜睡、乳房会胀痛、腰腹部感到酸痛、尿频和便秘，而且阴道分泌物变多。准妈妈还会因身体的不适而情绪不稳定，有时候因怀孕而开心喜悦，有时则会感到烦躁和轻微的忧郁。

○ 胎宝宝的成长

胎宝宝已经长出小小的四肢和面部五官，身高会长到约2厘米左右，像颗小葡萄般大小。同时，胚胎体内的重要器官也开始发育，虽然还听不见胎心音，但胚胎的心脏确实已经开始跳动。体外则形成像纸一样薄的皮肤，看得见若隐若现的血管。

第3个月

○ 准妈妈的身心变化

准妈妈的子宫变得像成年男人拳头大小，身体外形也开始发生变化，像乳房胀大、乳晕颜色变深、腰围也增加了一些，开始要穿比较宽松的衣服。情绪上则依旧不稳定，变得较心软脆弱，看感人的连续剧变得容易掉泪。

○ 胎宝宝的成长

此期可由胎心音监视器或超声波听到胎宝宝心跳声，胎宝宝此时已具有人的外观雏形，而且主要器官也逐渐成形。这时胎宝宝的身高大约9厘米，体重约15克~20克。

孕早期应
多补充的营养素

孕早期的胚胎还小，需要的热量、营养素不多，准妈妈只要维持正常的饮食习惯，就足以供应营养给子宫里的胚胎了。不过，这段时间因为是胚胎脑神经管发育的重要时期，有一些关系到脑神经管发育的重要营养素将是这段关键时期里所应该要补充的，错过了时间点，有可能会留下令人惋惜的遗憾，准妈妈不得不多加注意哦！

叶酸

准妈妈孕早期体内缺乏叶酸，极有可能会造成胎宝宝脑神经管缺损，使胎宝宝脑部发育不全，将来容易变成智障或发生夭折的遗憾；再者，叶酸也是参与造血的重要元素之一，准妈妈在怀孕期间，需要比平时更多的血液来分摊输送营养给母子的工作量，一旦贫血，准妈妈和胚胎都会面临血液不足的窘境，会造成不良影响。

因此，孕早期的准妈妈不但要尽量从天然食物中摄取叶酸，例如鲑鱼、牡蛎、深绿色蔬菜(芦笋、菠菜、西蓝花)、柑橘类水果(柳橙、橘子)、核果类、小麦胚芽、肝脏等，如有条件还建议最好加吃叶酸补充剂，让胎宝宝在这段时间内的脑部健康发育。

锌

锌是人体重要的必需元素，和人的记忆力息息相关。如果准妈妈缺乏锌，也会导致胚胎大脑边缘部海马区的发育不全，严重影响胎宝宝的智力发展。同时，准妈妈缺乏锌也会容易疲倦、感冒，血中锌含量不足更是会影响子宫的收缩，所以不可不慎。

从天然食物中就可以摄取到足够的锌，例如小麦胚芽、蘑菇、牡蛎、牛腱、鱼肉、猪肉等，其中绝大部分肉类都含有丰富的锌，是准妈妈摄取锌的方便来源，而且还可以从中补充蛋白质。

碘

甲状腺素是促进大脑和骨骼发育的重要激素，而胚胎在这段时间内的脑部发育，特别依赖妈妈体内的甲状腺素。然而，甲状腺素是由酪氨酸和碘合成的，若是缺乏碘，就会造成甲状腺素不足，使胎宝宝出生后容易患矮小症或是有智力低下的情形发生。

准妈妈在此时可吃含碘丰富的食物，例如海产鱼、紫菜、海带、海藻、牛奶等，建议准妈妈多多食用这些食物。

Top10 含叶酸最丰富的食物

叶酸是在怀孕初期对胎宝宝发育不可或缺的重要营养素，天然食物中哪几样是叶酸的最佳来源呢？

芦笋

芦笋是叶酸含量最高的食物，约5根芦笋就含有100微克叶酸。但建议吃的时候别煮太久，以免使珍贵的叶酸流失。

菠菜

菠菜的叶酸含量也很高，是深绿色蔬菜里的佼佼者。它也含有丰富的铁质，是适合准妈妈多吃的健康蔬菜之一。

西蓝花

西蓝花是仅次于芦笋和菠菜，含叶酸较多的蔬菜，它还含有丰富的纤维素，能有效缓解便秘，是值得多吃的健康蔬菜。

黄豆

豆类也含有叶酸，其中又以黄豆含量最高。黄豆制品有许多，如豆浆、豆腐、豆干等，不但方便易取得，又有多种类可供准妈妈选择。

蛋黄

鸡蛋的维生素主要集中在蛋黄内，像叶酸、维生素A、维生素D等。它也含有丰富的铁质，所以是准妈妈补充营养的良好食物来源。

全麦谷类

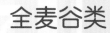

全麦谷类因未经过精制过程，所以保有未被破坏的叶酸。把全麦谷类作为主食，不但可以增加叶酸的摄取，也可摄取丰富的纤维素和其他微量元素。

土豆

属于根茎类的土豆，除了含有叶酸以外，还含有帮助胎宝宝脑神经管发育的矿物质锌，也是准妈妈可以多吃的食物。

肝脏

动物的肝脏含有叶酸，平日可以适当食用，但不宜刻意多吃。肝脏也含有维生素A，食用过量会对母子造成不良影响。

柳橙

柳橙是营养价值极高的水果，同时也富含叶酸。此外，它丰富的纤维素还能有效缓解便秘，是准妈妈可以多吃的好水果。

牛奶

牛奶是很理想的营养补充饮品，它除了含有叶酸外，更有丰富的蛋白质和钙质。对准妈妈和胎宝宝来说，喝牛奶可以方便又有效地获得许多重要的营养素。

Folic acid

孕早期生活上要注意的事

怀孕前3个月可以说是280天里最不稳定的时期，准妈妈应格外留意一些危险信息，以防发生难以挽回的憾事。

[注意阴道出血]

阴道出血可以说是怀孕早期常见的问题，发生率约30%~40%，根据统计，大约只有50%的准妈妈大量出血后仍能成功保住胎宝宝。准妈妈会发生早期流产，大多是胚胎本身有问题导致自然淘汰。由此可见，出血的问题绝不能大意，如果发生，应立即就医诊治，并设法稳定胚胎。

★ 常见阴道出血的原因

1.宫外孕

宫外孕，也称异位妊娠，指受精卵在子宫之外着床，最常见的是输卵管异位妊娠，等胚胎长大至6~8周撑裂输卵管，就会引起腹腔内出血、阴道出血及持续腹痛，需要手术治疗出血且无法保住胚胎。

2.缺乏黄体素

黄体素是早期怀孕期间不可缺乏的激素，如果缺乏，胚胎即使着床也会一直不稳定，因而容易发生出血警讯。此时可为准妈妈加打黄体素，帮助子宫环境稳定下来，保住胚胎。

3.胚胎发育不全

胚胎本身可能发育不完整或染色体异常，会自然淘汰，随着阴道出血流出。

4.流产

流产是造成出血的主因之一，其原因和预防方法，则在下一段说明。

[防范流产发生]

当准妈妈感觉肚子开始一阵阵地收缩阵痛，并伴随出血时，有可能就是即将发生流产了。流产之后，无法保住胚胎，等于怀孕结束，无论对母亲或胚胎来说，都是一件可惜又可怕的意外之事。

★ 流产的原因

1.母亲个人因素

高龄、有习惯性流产、黄体素分泌不足，患有心脏病、糖尿病、高血压以及子宫疾病的准妈妈，都属于高危险人群。这些女性朋友应在怀孕前向医生咨询注意事项，以减少流产及妊娠合并症的概率。

2.胚胎因素

由于胚胎本身发育不全或有染色体异常的缺陷，胚胎会从子宫膜上自动剥离，伴着血液随剥落的子宫内膜流出，结束怀孕，属于自然流产。

3.压力

现代人生活紧张、工作与精神压力大，生活与饮食不正常，如抽烟、节食减肥、喝酒、熬夜等，都会造成健康失调，进而容易引发流产。所以准妈妈应适当改变生活步调并养成良好的生活习惯，避免流产的发生。

4.药物的影响

因药物作用而导致的胚胎剥离也会造成意外的流产。因此在怀孕初期要特别注意用药问题，如果不小心生病，最好都能经过妇产科医生的诊断，开出安全的药物。

[避免放射线及化学物质的伤害]

怀孕初期正是胚胎生长、发育最关键的时期，X线、染发剂、药物等有害物会造成胚胎的器官或组织、细胞停止生长，导致胎宝宝畸形，准妈妈千万要避开。

[多休息、避免搬重物]

怀孕初期胚胎发育还在不稳定的阶段，且准妈妈也很容易累，要多休息，千万不要搬重物或从事激烈的活动，以免发生流产或是出血。

[使用妊娠霜]

妊娠纹的产生主要是孕期激素变化引起，也和妈妈的体质及肚子的大小有密切的关系，常发生在腹部、乳房、臀部、大腿内侧等部位。预防妊娠纹产生的最好方法是在肚子还没大时，就开始使用妊娠霜，按摩可能出现妊娠纹的部位，以增加皮肤弹性，免得肚子愈来愈大把皮下组织撑断，这就来不及了。

孕早期常见的
不适症状及改善方法

怀孕初期，准妈妈体内的激素变化会使身体开始产生许多不适症状。不过，这些不适症状都可以通过一些方法加以改善，来有效地帮助准妈妈顺利度过孕早期。

不适症状 1 腹痛

怀孕初期，许多准妈妈都有下腹部微微闷痛的不适感，而且疼痛的位置并不固定，时间也不长。准妈妈虽然并未剧痛到需要立刻就医的程度，不过，却也在某种程度上会不自觉地感到烦躁和忧心，影响心情和生活品质。

★ 原因

腹痛多是因子宫正慢慢增大，使周遭的肌肉与韧带也配合拉扯变长所造成。

★ 改善方法

这是一种正常现象，准妈妈可以用平常心对待，并从事一些温和的活动，如散步或阅读等，分散对疼痛的注意力。

★ 注意事项

疼痛也是身体发出警讯的方式之一，即便是常见的怀孕腹痛，也有可能是因为疾病造成的，所以准妈妈还是不能掉以轻心，必须注意下列导致腹痛的几种病因，必要时应快速就医诊治。

1.流产

腹部感到一阵阵的收缩阵痛，并伴有出血情形，极有可能是流产的先兆，必须立刻就医。

2.卵巢囊肿扭转或破裂

此种情况会导致准妈妈下腹部持续的剧烈疼痛，须就医治疗，医生可使用腹腔镜将卵巢扭转回来，就可以继续安心怀孕了。

3.肿瘤

包括常见的子宫肌瘤和卵巢肿瘤，一般痛点是固定的，属于局部疼痛，有时则会发生绞痛，若是肿瘤出血则易伴有腹部膨大及贫血的情形。准妈妈一旦发生上述疼痛感，应立即就医找出病因，配合医嘱并服药，加以观察治疗。

4.宫外孕

怀孕6~8周时，除了腹部的疼痛与不正常的出血现象以外，骨盆腔也会出现肿块，产生疼痛，同时还会因为内出血产生心跳加速和血压降低的现象。如果发生类似宫外孕的症状，应立刻就医治疗。

5.急性盲肠炎

这是准妈妈常见的腹部急症。由于准妈妈易忽略腹痛的征兆，所以比一般人更容易发生盲肠肿胀破裂的危险。盲肠因子宫的推挤，位置会变得比较偏上，发炎时会产生右下腹部压痛以及腹部肌肉紧绷等症状，应尽快在孕早期手术切除，免除后患。

不适症状 2 孕吐

★什么是孕吐

孕吐是指准妈妈在怀孕初期约6~14周之间，容易因为恶心而产生的呕吐现象，也就是我们俗称的"害喜"。根据统计，60%左右的准妈妈会有孕吐。孕吐的时间通常会发生在早上，让准妈妈一整天都食欲不振。有时候，准妈妈只要闻到了某些味道或是刚吃完东西，就会马上启动呕吐机制。孕吐让怀孕初期的准妈妈苦不堪言。

不过，孕吐虽然很难受，倒是不会对母体或子宫里的胚胎造成不良影响，而且它通常只会在怀孕初期发作，过了3个月之后就会自然好转。只有极少数的准妈妈因个人特殊体质因素，会发生"妊娠剧吐"，需要入院观察，调养治疗。

★原因

孕吐是因准妈妈体内的人类绒毛膜促性腺激素(hCG)急速上升造成的；另外，压力也是一个因素，压力愈大害喜的症状也就愈明显。

★改善方法

1.避免吃油炸、重口味、过咸、油腻、辛辣等刺激性的食物

准妈妈在怀孕初期的胃酸分泌较少，使胃壁变得较敏感，因此容易被刺激性食物刺激而发生呕吐。

2.少食多餐

孕吐有一个明显的特点，就是吃饱会吐，肚子饿也会吐，所以可采用少食多餐的方式，避免空腹或饱腹而刺激呕吐。选择的食物以苏打饼干或是吐司为主，因这类食物不会让准妈妈感觉过饱。

3.饭后2小时内不要平躺

准妈妈吃完饭2小时内应避免平躺，以免胃酸逆流。

4.避免特殊气味的食物

准妈妈烹饪时不要放过多的葱、姜、蒜等辛香料食物及带有腥味的食物，以免闻到会想吐。

5.补充维生素B$_6$

维生素B$_6$有减轻恶心和孕吐的功效，准妈妈可以多吃燕麦、蜂蜜、土豆和肝脏类等富含维生素B$_6$的食物或吃含维生素B$_6$的营养补充剂，不过要小心别吃太多，以免胎宝宝出生后会产生维生素B$_6$依赖症，反而弄巧成拙。

★注意事项

被广为流传的酸梅、山楂、蜜饯等酸味食物是可以缓解孕吐的小秘方。但是这些腌制食物中常含有食品添加物，如苯甲酸(防腐剂)、阿斯巴甜（阿斯巴坦）、过量的钠等，是比较不健康的食物，准妈妈不能多吃。

不适症状 3 阴道分泌物增加

★ 原因

女性在怀孕期间体内的黄体素分泌量会增加，使得阴道的分泌物也随之增加，这是一种正常的现象，准妈妈可以不用担心。

★ 改善方法

准妈妈使用护垫并经常更换、穿透气的棉质内裤、保持会阴部和内裤的清洁卫生，就能让自己感觉较为舒爽，也能有效避免细菌感染。

★ 注意事项

准妈妈如果出现外阴部瘙痒、疼痛的感觉或是分泌物呈黄色、褐色并伴有臭味时，就有可能是外阴部发炎或疾病所致，严重的话有可能会导致子宫颈发炎，进而造成子宫收缩发生流产。所以，准妈妈出现以上情况应该赶快就医，尽早治疗，以免影响胎宝宝的生长发育。

不适症状 4 尿频

★ 原因

女性怀孕之后，体内的子宫会日渐增大，准备供胎宝宝生长空间所需，因此增大的子宫会轻微向下压迫到膀胱。准妈妈常常觉得喝的水和平时差不多，但怀孕后变得很容易想上厕所，开始出现尿频的现象，尤其是晚上会比白天更明显，使睡眠容易被打断而睡不安稳。

★ 改善方法

准妈妈如果开始有尿频的症状，建议睡前1～2小时内就尽量避免喝水，并且不要因为不方便而憋尿，以免憋出尿道发炎的毛病来。尿频的困扰会在进入怀孕中期后，因子宫上托而获得改善，这段时间的不方便，为了胎宝宝只好暂时忍耐。

不适症状 5 便秘

★ 原因

很多准妈妈在怀孕初期很容易有便秘的烦恼，这是因为黄体素会滞留细胞中的水分，造成肠胃在缺水的状态下蠕动较慢，影响正常排泄功能，再加上增大的子宫也会压迫到肠道且准妈妈活动量减少，所以准妈妈除了在孕早期容易便秘以外，在孕中期、孕晚期也会便秘，这变成准妈妈的一大烦恼。

★ 改善方法

饮食方面，准妈妈可多摄取蔬菜水果中的纤维素及多喝水；另外，蜂蜜有润肠通便的功效，准妈妈可以适时补充蜂蜜水。

生活作息方面，准妈妈保持睡眠正常充足，配合温和且规律的运动，适时放松心情，有利于缓解压力。

不适症状 6 疲倦

★ 原因

怀孕的前3个月，准妈妈常容易感到疲倦、浑身乏力，因而常常昏昏欲睡，觉得怎么补觉都不够用。其实，这是因为准妈妈怀孕之后体内的内分泌系统发生了很大的变化，而且身体里多了一个小生命，使得准妈妈的新陈代谢加速，热量消耗的速度随之加快，造成血糖无法在长时间内维持充足与平衡，这些生理变化都在耗损准妈妈的体力，所以准妈妈才会容易感到疲倦。

★ 改善方法

准妈妈应调整生活与工作的步调，尽量不要操劳或从事需要耗费大量体力的工作，而且还应维持正常而充足的睡眠，觉得累的时候，可以适时小憩一下。

★ 注意事项

准妈妈白天别睡太多，以免影响夜晚的睡眠品质，不然可就得不偿失了。

LOVE COOKING

🍴 2人份　🔥 65千卡

香拌牛蒡丝

❋材料

牛蒡 1/2根

熟白芝麻 ......适量

❋调味料

酱油 1小匙

香油 1小匙

盐 1/4小匙

果糖 1/4小匙

❋做法

1.. 牛蒡用刀背刮除外皮，切成细丝状，泡水5分钟后捞起。

2.. 牛蒡丝放入滚水中氽烫2分钟，捞起沥干水分，备用。

3.. 牛蒡加入所有的调味料拌匀，静置冰箱内冷藏3小时，食用前撒上熟白芝麻。

▲MENU 01

贴心分享...

☆怀孕初期准妈妈多半因身体激素的改变，胃口变得不好，营养也较易失衡。牛蒡除含丰富铁质，还有膳食纤维素、维生素C，可帮助增加体力、加强免疫力、抵抗病菌入侵、减少感冒，并可降低胎宝宝发育不良的概率。

☆芝麻中的维生素E可帮助初期受孕的胚胎发育，还能减缓准妈妈皮肤老化。

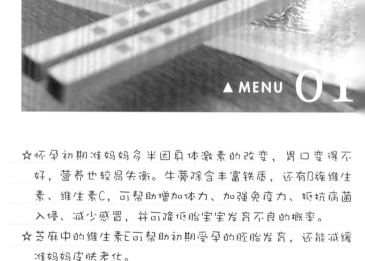

孕早期

Pregnant Recipes

● 针对1~3个月的准妈妈设计的营养美食

2人份　 150千卡

芝麻菠菜

✽ **材料**
菠菜 200克
柴鱼片 ....少许

✽ **调味料**
芝麻酱 1大匙
酱油 1大匙
酱油膏 1大匙
香油 1大匙
糖 1小匙
陈醋 1/2小匙
冷开水 2大匙

✽ **做法**

1.. 菠菜切除根部；调味料拌匀即为酱汁。

2.. 菠菜放入滚水中汆烫10秒，捞起放入冰开水中泡到菜变凉，取出沥干水分，备用。

3.. 取寿司竹帘，将菠菜摊放在寿司竹帘上，如卷寿司般卷紧成圆柱状，取出切4厘米段状，放在盘中淋上酱汁，撒上柴鱼片。

贴心分享...

☆ 菠菜含有极丰富的叶酸，可预防胎宝宝罹患脊柱裂，英国卫生部更建议，怀孕前的女性每日应补充200毫克的叶酸，直到妊娠第12周，以防止胎宝宝畸形。不过，菠菜虽也含铁质，但其中的草酸易影响铁与钙的吸收，吃肉类时，最好少搭配菠菜一起吃。

☆ 芝麻含锰元素，是能保护骨骼中的钙不流失的重要矿物质。

生菜蜜汁肉片

 4人份　　ｋcal 232.5千卡

✽材料

猪小里脊肉 300克
洋葱 60克
圆生菜 8叶
小黄瓜 1条
苜蓿芽 50克
豌豆苗 ....少许

✽腌料

蚝油 1大匙
香油 1小匙
糖 1/2小匙
拍碎大蒜 1瓣
白胡椒粉 ....少许

✽调味料

葡萄柚 1/2个
柠檬 1/4个
淡酱油 2大匙
糖 1大匙
水 1/2杯

✽做法

1.. 里脊肉切0.5厘米的片状，再以刀背或捶肉棒拍成0.5厘米的薄片，放入腌料抓匀，静置冰箱内冷藏1小时。

2.. 洋葱切丝，小黄瓜切细丝；葡萄柚和柠檬压汁，调入酱油、糖与水拌匀成酱汁，备用。

3.. 平底锅中火预热，加1大匙油烧热，放进肉片续以中火煎至八分熟后取出。

4.. 锅中续放1大匙油，以中火炒软洋葱丝后，再加入肉片和做法2的调味料酱汁，中火收干酱汁即熄火。

5.. 食用时，取一片圆生菜叶，内放2～3条小黄瓜丝铺在生菜底，再依序铺上苜蓿芽、炒好的洋葱肉片及少许豌豆苗即可。

▲ MENU 03

贴心分享...

☆ 肉片做成蜜汁口味，搭配圆生菜、小黄瓜、豌豆苗，除了增加口感的清爽，更可达到营养均衡、容易吸收的效果，其中的豌豆苗可以香菜代替，也有不同的风味。

☆ 圆生菜热量低，又含丰富维生素C、纤维素及水分，可预防感冒，帮助肠胃代谢；圆生菜还富含叶酸，对孕早期的准妈妈很重要，能预防生出有缺陷的胎宝宝。

 孕早期

Pregnant Recipes

● 针对1~3个月的准妈妈设计的营养美食

 2人份　 72.5千卡

干贝芦笋

✿ **材料**

芦笋 200克

干贝 6粒

韭菜 2根

✿ **调味料**

酱油 1/2小匙

香油 1/2小匙

蚝油 1/4小匙

糖 ....少许

盐 ....少许

淀粉 1小匙

泡干贝水 ....适量

✿ **做法**

1.. 干贝先泡水10分钟，再换1碗水续泡2小时；芦笋切掉较老的根部；调味料混合拌匀，备用。

2.. 干贝及水放进蒸锅内，水沸后继续蒸15~20分钟至熟，取出放凉备用。

3.. 韭菜放入滚水中，略烫软取出；再放芦笋汆烫3分钟，取出沥干水分，放在盘中，备用。

4.. 干贝用烫熟的韭菜绑住打结(以防止干贝散开)。

5.. 取锅，放入拌匀的调味料，以小火煮开后，再加入干贝，续以小火煮约30秒使其入味，即可盛起放在芦笋上。

贴心分享…

☆ 干贝含有丰富的蛋白质及锌，能帮助胎宝宝性器官发育，又可稳定准妈妈的情绪，平衡内分泌及激素。干贝对发育中的青少年或更年期女性，也很有益处。

☆ 芦笋含有丰富铁及叶酸，可预防准妈妈贫血和胎宝宝神经损害，还含有叶酸，是孕早期需多补充的营养素。但是，芦笋中含有嘌呤，尿酸过高的准妈妈不要吃太多。

4人份  89.5千卡

梅子蒸鱼

❋材料

鲈鱼 1条 (约450克)

紫苏梅 8粒

葱 2根

姜 ....适量

红辣椒 1/2根

❋调味料

A.紫苏梅汁 4大匙

淀粉 1大匙

酱油 1/4大匙

香油 1/4小匙

水 1/2杯

B.盐 ....少许

❋做法

1.. 葱切细丝状，浸泡冷开水内(使葱成卷曲状)；姜切丝；辣椒去籽、切丝；调味料A混合拌匀，备用。

2.. 鲈鱼放入滚水中汆烫1分钟(可去鱼鳞黏液)，捞起沥干水分。

3.. 在鱼身两面均匀撒上盐，放置在平盘内，铺上姜丝、紫苏梅。

4.. 炒锅加水烧开，架上蒸架，把鲈鱼连盘放入，以大火蒸12分钟，取出并夹掉姜丝。

5.. 取锅，加入拌好的调味料A，以小火煮开，盛起淋在鱼身上，再点缀葱丝、辣椒丝。

贴心分享...

☆《本草纲目》认为，鲈鱼可滋补五脏，有益筋骨，能益肝脏治水气，多吃有益。的确，鲈鱼含有优良蛋白质，对怀孕初期胚胎分化成长很有帮助。

☆准妈妈怀孕初期若有害喜症状，可吃紫苏梅蒸鱼，除能去腥味，还可减轻呕吐、促进食欲。要特别注意的是，怀孕初期鱼类的烹调，应尽量避免使用"酒"。

A MENU 05

 孕早期

Pregnant Recipes

● 针对1~3个月的准妈妈设计的营养美食

2人份  369千卡

香煎鳕鱼排

✷材料
鳕鱼 1块 (约200克)
鸡蛋 1个
柠檬 ....1/4个 (视个人喜好)
白芝麻 ....少许

✷腌料
盐 1/4小匙
胡椒粉 ....少许

✷调味料
低筋面粉 3大匙

✷做法

1.. 鳕鱼以纸巾拍擦掉多余水分，在鱼肉两面均匀抹上腌料，腌10分钟；蛋打散；柠檬切薄片，备用。

2.. 鳕鱼两面沾上薄薄的一层蛋液，并均匀撒上芝麻，再裹上一层低筋面粉，备用。

3.. 平底锅中火预热，加2大匙油以中火烧热，放入鳕鱼以小火煎约5分钟，煎到鱼可翻动时，翻面再煎，直到两面呈金黄。

4.. 柠檬片铺在鳕鱼上，以铝箔纸包裹住，放进已预热的烤箱内烤20分钟，食用前挤上少许柠檬汁。

贴心分享……

☆鳕鱼含有丰富的鱼油和蛋白质，对胎宝宝的初期成长能给予良好帮助；此外，鳕鱼的肉质纤细，油煎时应注意厚度，以决定煎煮的时间。

☆准妈妈初孕时因胃口不佳，容易对食物产生反胃，千万别因害喜缺乏食欲而减少给胎宝宝应有的营养；把柠檬片和鱼肉一起烘烤，不仅可去鱼腥味，又可增加食物诱人的芳香，自然可增进孕早期准妈妈的食欲。

▼ MENU 06

 2人份　 266千卡

芥蓝咖喱牛肉

✳材料

牛小里脊肉 200克
芥蓝 200克
大蒜 1瓣
葱 1/2根
红辣椒 1/2根

✳腌料

淀粉 1小匙
蚝油 1/2小匙
香油 1/4小匙
白胡椒粉 ....少许

✳调味料

咖喱粉 1/2大匙
酱油 1/4小匙
淀粉 1/2小匙
水 3大匙

✳做法

1.. 牛小里脊肉切薄片，加入腌料抓匀，静置冰箱内冷藏30分钟；蒜、葱切细末；红辣椒去籽、切末；所有的调味料混合调匀，备用。

2.. 芥蓝放入滚水中氽烫3分钟，取出沥干水分，铺在平盘上。

3.. 炒锅中火预热，加3大匙油以中小火烧七分热，倒入牛肉片以中火炒熟，盛入漏勺内沥去多余的油。

4.. 原锅留少许油，放入蒜、葱、红辣椒以小火炒香，倒入拌好的调味料续以小火煮开，再放入牛肉片转大火快炒20秒至收汁，即可盛起铺放在芥蓝上。

贴心分享....

☆芥蓝中含丰富的维生素A、维生素C，蛋白质及钙质，平时多吃可净化血液、促进皮肤新陈代谢，也可改善怀孕初期不佳的气色，防止内分泌改变，引起皮肤的黑色素沉淀。

☆牛肉含丰富的铁质，可预防怀孕初期准妈妈患贫血。建议准妈妈饭后喝一杯含丰富维生素C的果汁，以帮助铁质吸收。

 孕早期

Pregnant Recipes

● 针对1~3个月的准妈妈设计的营养美食

▲MENU 08

炒鲜蔬

 2人份  97.5千卡

❋材料

豌豆荚 100克
洋葱 40克
红甜椒 1/4个

❋调味料

盐 1/2小匙
水 1/3杯

❋做法

1.. 豌豆荚摘去头尾，撕去两侧荚膜；洋葱切丝；红甜椒切细条状，备用。

2.. 炒锅加1小匙油后，放入洋葱丝以中小火炒香，再放入豌豆荚和红甜椒以中火快炒，倒入水及盐，盖上锅盖焖1~2分钟，掀开锅盖翻炒一下即可。

贴心分享…

☆洋葱可预防感冒，增加抵抗力，对初孕的准妈妈极有益处。豌豆含维生素B₁、维生素C，其中维生素B₁能转化碳水化合物、脂肪，是体内能量所需，缺乏将使心脏和神经系统遭到损害。

Pregnant Recipes

 孕早期

● 针对1~3个月的准妈妈设计的营养美食

 2人份 163.5千卡

开阳甘蓝芽球

✳材料

甘蓝芽球 200克
金钩虾米 12只
大蒜 2瓣
红辣椒 ....少许

✳调味料

A.陈年绍兴酒 1/2大匙
　水 2大匙
B.白胡椒粉 ....少许
　高汤 1/2杯
　盐 1/6小匙

✳做法

1.. 开阳用调味料A浸泡3小时取出；甘蓝芽球切对半；大蒜切片；红辣椒去籽、切丝，备用。

2.. 开阳连浸泡液放入锅中，水沸后转中小火续煮25分钟。

3.. 炒锅加2大匙油后，放入蒜片以小火爆香，待蒜片微黄时，即捞除不用。

4.. 开阳放入做法2的锅中，加白胡椒粉以小火炒香后，倒入高汤以中小火烧开，再加入甘蓝芽球改大火炒熟，加盐调味，点缀红辣椒丝。

贴心分享....

☆甘蓝芽球即是小圆白菜，含丰富维生素C、B族维生素、β-胡萝卜素、叶酸、纤维素……对预防结肠癌很有帮助；其中维生素U、维生素k，更有助于胃溃疡病患伤口的愈合及镇痛，对有孕吐的准妈妈有修护胃壁组织和减缓不适的作用。

2人份　 300千卡

青豆滑蛋

✳材料
青豆 500克
鸡蛋 3个

✳调味料
水 1大匙
香油 1小匙
酱油 ....少许
盐 ....少许
白胡椒粉 ....少许

✳做法

1.. 青豆放入滚水中汆烫3分钟，取出冲泡冷水，并剥除皮膜，备用。

2.. 蛋打匀后，以滤网过筛，加入所有的调味料、青豆一块拌匀，备用。

3.. 炒锅中火预热，加2大匙油烧热，倒入打匀的青豆蛋液，改转大火使蛋液呈凝固状，即可熄火盛盘。

贴心分享……

☆青豆有丰富的B族维生素、维生素C、铁、钙、磷，可帮助胚胎的发育，对胎宝宝初期发育有极大帮助。

☆准妈妈怀孕初期需较多蛋白质以利胚胎生长，鸡蛋中的蛋白质容易被人体肠胃完整吸收，但若未完全煮熟，易导致食物中毒，进而可能造成病毒感染胚胎，建议准妈妈在怀孕期间减少生食肉类和含沙拉酱的食物。

Pregnant Recipes

孕早期

针对1~3个月的准妈妈设计的营养美食

🍴 2人份　　ⓚ 103.5千卡

海瓜子蒸蛋

❋材料
鸡蛋 2个
海瓜子 6颗

❋调味料
柴鱼酱油 1/4小匙
盐 ....少许
白胡椒粉 ....少许

❋做法

1. 海瓜子泡盐水，放进冰箱冷藏室内保鲜，备用。

2. 鸡蛋和调味料混合拌匀后，以滤网过筛，再倒入160毫升的温开水调匀，备用。

3. 将蛋液倒入蒸碗中，放入海瓜子，用保鲜膜封住碗口，放进蒸锅内，水沸后转中小火续蒸25分钟即可取出。

贴心分享...

☆ 海瓜子所含的锌对胚胎成长有益，也可帮准妈妈补充激素。

☆ 也可用电锅来做这道菜，若想让海瓜子浮在蒸蛋上（如图），需先将2/3的蛋液倒入碗中，加入1/2杯水，按下电锅开关键，跳起后，放入剩下的1/3蛋液、海瓜子，并在外锅加1/2杯水，再次按下开关键，直到跳起，焖10分钟。

 2人份  204.5千卡

海带芽丸子汤

✳材料
猪绞肉 200克
胡萝卜 1/2根
干海带芽 30克
水 600毫升

✳腌料
蛋白 1/2颗
淀粉 1/2大匙
酱油膏 1/2小匙
香油 1/4小匙
盐 ....少许
白胡椒粉 ....少许

✳调味料
盐 1/4小匙
香油 ....少许

贴心分享....

☆海带芽含丰富的铁、钙、锌、碘等多种矿物质，有平衡内分泌、维持心脏正常功能的作用，可调整怀孕初期内分泌失衡的状况，并可帮助准妈妈稳定情绪。

☆胡萝卜中的β−胡萝卜素，经体内吸收可转化为维生素A，对身体虚弱的准妈妈有滋补和强壮体格的作用；也可帮助胚胎初期的细胞分化，让胚胎发育更健全。

✳做法

1.. 绞肉中加入腌料拌匀，在不锈钢容器内用力摔打约20下，移置冰箱内冷藏2小时；胡萝卜削皮，切1厘米的片状，备用。

2.. 取汤锅，放入胡萝卜片及水，先以大火煮开，再转中小火煮20分钟，熄火，即为胡萝卜汤。

3.. 绞肉用右手虎口挤出小球状，逐一放入滚水内，改转中小火，煮到肉丸变色、全部浮起，熄火。

4.. 将肉丸子放入做法2的胡萝卜汤中，以中小火煮开，放入海带芽煮5分钟，加入盐、香油调味。

孕早期

Pregnant Recipes

● 针对1~3个月的准妈妈设计的营养美食

 2人份 292.5千卡

当归牛腱盅

※材料
牛腱 200克
当归 2片
葱 1根
老姜 8片

※汆烫料
葱 1根
老姜 4片
米酒 1/4杯

※调味料
原味鸡汤 800毫升
盐 1/2大匙

※做法

1.. 牛腱切成片状；葱切段，备用。

2.. 牛腱及汆烫料放入滚水中，以中小火煮10分钟熄火，让牛腱浸泡锅内10分钟，再取出冲冷水洗净。

3.. 将牛腱、当归、姜片、葱段、鸡汤全部放入电锅内，水滚后转中小火续煮50分钟，加入盐调味。

贴心分享...

☆ 当归能补血补气，对身体虚弱怕冷的准妈妈有温暖滋养的作用。老姜有增加血液循环和预防感冒的作用，也能缓解孕吐。

☆ 当归牛腱盅是一道滋补养生、调气补血的药膳，可补充营养、预防准妈妈贫血。

▼MENU 13

2人份　 267.5千卡

土豆浓汤

✱材料
　　土豆 1个

✱调味料
A.植物性奶油 2大匙
B.低筋面粉 2大匙
　　高汤 3杯
　　月桂叶 1片
　　盐 ....少许
　　鲜奶 1/2杯
　　黑胡椒粉 ....少许
　　法香(新鲜或干燥) ....少许

✱做法

1.. 土豆削皮；法香摘取叶片部分切细碎，并用厨房纸巾包住压干水分，备用。

2.. 土豆放进蒸锅内，水沸后转中小火续煮50分钟，将其中1/3颗切丁，另2/3颗切块，备用。

3.. 炒锅放入奶油后，分次放入低筋面粉，以小火炒香，熄火后冷却备用。

4.. 土豆块放入果汁机中，加入炒香的面粉、高汤一起打匀。

5.. 土豆泥倒入汤锅，放入土豆丁、月桂叶及盐，以中小火煮开，再倒入鲜奶，以中小火再次煮开(中间要慢慢搅拌)，即可熄火盛碗，撒上胡椒粉、法香末。

贴心分享...

☆土豆所含的维生素C可耐高温烹煮；所含的钾和维生素A、维生素B₁、维生素B₂也都极为丰富，能预防口角炎、增强体力，对孕早期准妈妈是非常好的营养来源。准妈妈若担心肥胖问题，只需将土豆以烘烤或水煮方式烹调，因为同样分量的土豆热量比一碗米饭还低。需注意的是，土豆若有发绿芽现象，切勿食用，以免生物碱中毒。

 孕早期

Pregnant Recipes

● 针对1~3个月的准妈妈设计的营养美食

2人份  475千卡

鲜虾云吞汤

✻材料

草虾仁 100克

猪绞肉 100克

嫩姜 1块

云吞皮 300克

豌豆苗 ....少许

✻调味料

A.淀粉 1/2小匙

B.蛋白 1/4颗

淀粉 1小匙

酱油膏 1/4小匙

香油 1/4小匙

盐 ....少许

白胡椒粉 ....少许

C.高汤 (或水) 800毫升

盐 1/2小匙

香油 ....少许

白胡椒粉 ....少许

柴鱼酱油 ....少许

✻做法

1.. 虾仁用牙签挑去背部泥肠，以淀粉抓洗，再用水冲洗干净，利用厨房纸巾拍干水分，移置冰箱内冷藏1小时取出；姜用磨泥板磨成泥，取出1小匙的汁，备用。

2.. 猪绞肉加入姜汁拌匀，再加入调味料B搅拌均匀，在不锈钢容器内摔打数下，放入冰箱内冷藏2小时。

3.. 每片云吞皮包入适量绞肉馅及1只虾仁，云吞皮四边沾少许水后，对折成三角形，再将三角形的两边往中间略为集中，利用大拇指轻压成形，逐一完成。

4.. 云吞放入滚水中，以中火煮至浮上水面，捞起，放入已烧滚的高汤内，加入盐、香油、胡椒粉、酱油及豌豆苗，即可盛碗享用。

贴心分享…

☆准妈妈会因孕吐而有饥饿感，可采用少食多餐的方法，吃清淡易煮、好消化的食物，来缓解此时的不舒服，鲜虾云吞汤就非常适合。建议可一次多做些，放进冰箱冷冻室储藏，要吃时再取出，保鲜以1个月内为佳。

☆若要自制高汤，可用一副鸡架先以沸水煮5分钟，取出用清水洗净，再和葱2根、老姜2片、过滤水1200毫升一起煮开，改中小火煮40分钟，熄火待凉，过滤材料，移置冰箱冷藏，捞去油脂，即可分盒保鲜冷冻。

2人份  177.5千卡

清炖鸡汤面

✳材料

土鸡腿 1只
面条 ....2人份(约300克)
油菜 4颗
老姜 8片
葱 2根
水 800毫升

✳调味料

盐 1小匙

✳做法

1.. 鸡腿剁块;葱切段,备用。

2.. 鸡腿块放入滚水内以中火煮2分钟,捞出用冷水冲洗净,沥干水分,备用。

3.. 将鸡腿块、老姜、葱段放入锅中,并倒入水,放进锅内,水沸后转中小火续煮75分钟,再加盐调味。

4.. 面条放入滚水中,以中火煮至面浮起、面心熟透,捞起;再把油菜放入烫熟,捞起。

5.. 将炖好的鸡汤舀入大碗中,放入面条、油菜。

贴心分享……

☆老姜是传统食疗上常用的辛香料,除可暖身去寒、促进食欲、保健肠胃,更可抑止呕吐,较怕冷的准妈妈可多食用。

☆鸡汤可滋补暖胃,在孕早期,除能帮助准妈妈改善呕吐外,更可调养虚弱的身体,同时可供给胎宝宝更多蛋白质,帮助幼嫩的胚胎发育良好。

▼MENU 16

Pregnant Recipes

孕早期

针对1~3个月的准妈妈设计的营养美食

 2人份　 420千卡

小排糙米饭

✻材料

小排 6块 (约200克)
糙米 1杯
紫米 15克
胡萝卜 1/2根
葱 1根

✻调味料

盐 1/4小匙
柴鱼酱油 1/4小匙
香油 ....少许
白胡椒粉 ....少许

✻做法

1.. 糙米、紫米放入锅内，倒入1.5杯的水，浸泡4小时；胡萝卜削皮、切块；葱切段，备用。

2.. 小排放入滚水中汆烫2分钟，取出冲洗净，备用。

3.. 小排、胡萝卜块、葱段、泡好的米及所有的调味料及适量水放入锅中，待水沸后转中小火续煮75分钟，取出葱段即可。

贴心分享...

☆糙米含维生素B₁、维生素E与铁，这是大米中所缺乏的，准妈妈如果能在怀孕期间多吃，对本身的健康和胎宝宝的发育都有很大的帮助。紫米可补充铁质，滋补暖身，对准妈妈是很好的营养补充品。

☆准妈妈怀孕时请尽可能以天然食物为主要补充各种矿物质和维生素，因为过量的人工补给品有可能造成母体肾脏衰竭和胚胎畸形，需特别当心。

▼ MENU **18**

▼ MENU **19**

孕早期

Pregnant Recipes

● 针对1~3个月的准妈妈设计的营养美食

 2人份 178千卡

小鱼芥菜心

❋材料

芥菜心 1棵
银鱼 50克
大蒜 2瓣
红辣椒 ....少许

❋调味料

A.高汤 1/2杯
白胡椒粉 ....少许
蚝油 1小匙
盐 1/4小匙
糖 1/4小匙
B.淀粉 1小匙
水 1大匙

❋做法

1.. 芥菜心剥开、洗净，切5厘米段状；大蒜切片；辣椒去籽、切丝；淀粉和水调匀，备用。

2.. 芥菜心放入滚水中烫1分钟，直到外观呈翠绿透明状，捞起备用。

3.. 炒锅加2大匙油后，放入蒜片以小火爆香至微黄后捞除，加入银鱼、高汤、胡椒粉小火煮开。

4.. 加入芥菜心、蚝油、盐、糖，转中火炒匀，慢慢淋入水淀粉，改中小火勾芡，煮滚后熄火、盛盘，点缀红辣椒丝。

 3人份 228.3千卡

四季豆瘦肉粥

❋材料

大米 1杯
四季豆 100克
猪肉丝 50克
干香菇 2朵
胡萝卜 ....少许
葱 1根

❋调味料

高汤 1000毫升
盐 1/2小匙
白胡椒粉 ....少许
香油 ....少许

❋做法

1.. 香菇泡水5分钟，洗净换水续泡15分钟，直到软。

2.. 四季豆摘去头尾硬丝，切2厘米~3厘米段状；香菇、胡萝卜切片；葱切葱花，备用。

3.. 取汤锅，放入大米、葱花、高汤，先大火煮滚，改中小火煮20分钟，再放入四季豆、香菇片续煮10分钟，放入猪肉丝、胡萝卜片煮5分钟，最后加入盐、胡椒粉和香油拌匀即可。

贴心分享...

☆芥菜含丰富的叶酸，可降低胎宝宝罹患先天性神经管缺陷的概率。

☆深绿色的四季豆可补充贫血女性所需铁质，但别忘了饭后喝杯果汁或吃份含高维生素C的水果，也可帮助铁在肠胃中吸收。不过，豆类中的蛋白质由于氨基酸组成上的缺陷，建议搭配谷类食物烹煮，使其营养更完整，达到完全被体内吸收的效果。

2人份　 kcal 40千卡

梅汁绿茶冻

✱材料
市售绿茶冻粉 100克
紫苏梅 ......2~3颗
温开水 500毫升

✱调味料
紫苏梅汁 ......适量

✱做法

1. 将绿茶冻粉倒入锅中，缓缓地倒入温开水慢慢拌匀（以免粉结成块状），以小火加温（过程要不断搅动），使茶冻粉充分溶解（水切勿煮滚）。

2. 将完全融化的茶冻粉水倒入模型中，冷却后放到冰箱内冷藏。

3. 食用时，把茶冻倒扣放在小碟子中，淋上紫苏梅汁及紫苏梅即可。

1人份　 kcal 114千卡

桂圆莲子姜汤

✱材料
莲子 1/4杯
老姜 4片
桂圆肉 ......少许
水 2杯

✱调味料
冰糖 1小匙

✱做法
莲子、姜片及水放入锅内，水沸后转中小火续煮50分钟，再加入桂圆肉，继续以中小火续煮25分钟，放入冰糖拌匀。

贴心分享...

☆市售茶冻粉种类很多，以绿茶冻的甜度最低，搭配梅汁味道可口又开胃，对孕早期容易害喜的准妈妈而言，是不错的点心，但准妈妈不宜摄取过多绿茶，以免影响胎宝宝；享用茶冻宜在饭后，因空腹食用较易引起胃部不适。

☆莲子能帮助改善睡眠，对此段时间有不稳定的睡眠与情绪的准妈妈，有良好功效。桂圆可益智定神，但属温热性食物，如身体较燥热切勿多吃，以免上火便秘。

▲ MENU 20

▲ MENU 21

孕早期

Pregnant Recipes
● 针对1~3个月的准妈妈设计的营养美食

 1人份　 184千卡

综合水果多多

✳材料

苹果 ....1/2个　　养乐多 200毫升

柳橙 ....1/2个　　冷开水 100毫升

香蕉 1/4根

✳做法

1.. 苹果削皮、挖除核籽，切块状；柳橙剥皮，切块、挑除籽粒；香蕉去皮、切块，备用。

2.. 将做法1的材料、养乐多及冷开水，全部放入榨汁机中，搅打均匀，倒入杯中即可。

 1人份　 110千卡

柳橙杨桃汁

✳材料

柳橙 ....1个　　金橘 2个

杨桃 ....1/2个　　冷开水 300毫升

✳做法

1.. 柳橙剥皮、切块、挑除籽粒；杨桃切块状；金橘对切，备用。

2.. 柳橙块、杨桃块及冷开水放入榨汁机中，盖上盖子，搅打均匀后，倒入杯中。

3.. 挤入金橘汁，一起拌匀即可。

贴心分享......

☆杨桃除可润喉解燥热外，所含的维生素C及 β-胡萝卜素极为丰富，但其中的纤维素容易干扰肠内吸收肉类中的铁与钙，建议打成果汁，这样纤维较细。金橘中的维生素C含量丰富，对预防及治疗感冒也有很好的效果。

☆水果的籽营养丰富，含有钙、镁、锰等微量元素，但连籽一起打会有苦涩味，不喜欢可拿掉。另外，鲜果汁要现打现喝，以免营养成分流失。

PART 2

恣意享受幸福的
孕中期

每一次的胎动，
扎实地感受到你的存在，
忍不住摸着肚皮跟你说悄悄话，
宝贝，你一定要健健康康长大！

孕中期
准妈妈的身心变化与胎宝宝的成长

进入孕中期，准妈妈身体的不适状况逐渐缓解，例如食欲会变得比较好，不但可以正常进食，而且还会想多吃零食、消夜。情绪上也渐趋稳定，能够享受胎宝宝和自己的亲密互动，不再轻易陷入轻度忧郁状态。这段时间准妈妈最大的变化应该就是一天天隆起的肚子了，所以行动上要特别小心，以免意外发生。

胎宝宝在孕早期已经打好了成长的基础，器官都已经大致成形；接下来的孕中期，已经开始进入稳定的成长期。

第4个月

○ 准妈妈的身心变化

准妈妈的子宫里已经形成一个稳定的胎盘，大大减少了流产的不确定性。心情也仿佛像雨后的天空一样晴朗舒爽，一扫之前害喜的不快。此时乳头的颜色也会开始变黑。

○ 胎宝宝的成长

胎宝宝在第4个月时大约会有100克重，身高约16厘米。因为已经长出生殖器官，在产检照超声波时，就可以知道胎宝宝是男孩还是女孩了。除此之外，胎宝宝在子宫里还会开始打嗝，这是学会呼吸的前兆，并且还会动手脚。

第5个月

○ 准妈妈的身心变化

准妈妈子宫增大到像中型椰子般大小，使

肚子的隆起更加明显。乳房开始会有明显的肿胀，有少量的初乳分泌，臀部慢慢变得浑圆。正常的准妈妈在怀孕18～20周就开始自觉胎动。相对于初期的轻微厌食，此时准妈妈会胃口大开，甚至还会对自己的食量感到惊讶！

○ 胎宝宝的成长

胎宝宝在此时集中发育感觉器官，如味觉、听觉、视觉、触觉等，脑细胞神经元的连接加强。而且他的个性也在此时开始显现，会调皮地翻滚，造成频繁的胎动。

以胎教来说，第20周是最适合开始的时间，因为胎宝宝可以听到爸爸妈妈对他说的话了，所以也是开始培养亲子感情的最佳时机！

第6个月

○ 准妈妈的身心变化

准妈妈由于子宫的增大与变重，使脊椎骨后仰，身体重心改变，让腰部和背部受压而容易酸痛，坐下和站起时，开始觉得有点吃力了。

○ 胎宝宝的成长

胎宝宝的体重约有600克～700克、身高约33厘米，视网膜生成，开始有微弱的视力。至于听觉也更敏锐了，连外界的声音都听得到，所以会因为声音而影响情绪。根据研究，环境噪声或母亲急促的心跳声都会使胎宝宝躁动不安，因此准妈妈可多听古典音乐或轻音乐，让他觉得平和愉悦。

孕中期应多补充的营养素

孕中期是胎宝宝已经着床稳定并且迅速成长的时期，而准妈妈也开始真正享受到怀孕的幸福感与胎动的乐趣，并有进食的欲望。所以这个阶段可以说是准妈妈最好的"进补"时间，应该配合胎宝宝发育的需求摄取质量并重的营养，让胎宝宝长得又好又健康。

蛋白质

蛋白质是身体细胞生长和修补的最主要原料，也是维持生命所需的六大营养素之一。4个月之后的胎宝宝开始急需大量的蛋白质，作为细胞增生与器官发育的必需营养来源；而准妈妈的体内也需要大量的蛋白质供作胎盘发育、子宫增大以及未来乳汁分泌的准备。

所以，蛋白质是准妈妈孕中期摄取营养的一大重点，每日约摄取60克才能符合营养所需，常见富含蛋白质的食物有牛奶、黄豆、瘦肉、鸡蛋、鱼类等。

钙

俗话说："生一个孩子掉一颗牙"，是指形成骨骼系统所需要的钙质若摄取不足，母体的牙齿和骨骼就会自动游离出钙质，供胚胎成长所需，从而造成母体自身缺钙而掉牙。

另外，准妈妈在晚上睡觉时也因为血钙过低，特别容易抽筋。因此，建议准妈妈多喝牛奶，多吃一些乳制品、豆制品、小鱼干等高钙食物，一人吃两人补，打好健康的基础。

铁

铁是造血的重要原料之一，尤其是孕中期胎宝宝对铁的需求量增加。再者，准妈妈怀孕期间的血液量会比平时还多，如果摄取铁不足，更容易出现贫血的现象。所以，准妈妈也必须回应胎宝宝和自己在这段特殊时间的需求，多摄取饮食中含铁多的天然食物。常见含铁质丰富的食物有牛肉、菠菜、猪肝、葡萄等。

B族维生素

包括维生素B_1、维生素B_2、维生素B_6、维生素B_{12}，它们的功能略有差异。维生素B_1主要负责准妈妈在此时大量摄取的热量，做好代谢的消耗与平衡；维生素B_2帮助准妈妈消除疲劳倦怠感；维生素B_6维持准妈妈与胎宝宝的血液、神经系统和抗体的正常、缓解孕吐与抽筋等不适症状；维生素B_{12}预防贫血等。

B族维生素可以从天然食物中获取，包括坚果、全谷类、新鲜蔬果、肉类、牛奶与乳制品、蛋、鱼等，必要时也可请医生开安全分量的补充剂。

水

足够的水量能促进人体正常新陈代谢，加速准妈妈和胎宝宝的营养输送与废物排泄，让母体体内维持一个洁净的环境，提高免疫力，同时维持准妈妈和胎宝宝的健康。另外，准妈妈便秘问题也能通过足够的饮水量来缓解，所以，多喝水一举数得哦！

Top10 含钙最丰富的食物

钙质是组成骨骼和牙齿的重要成分之一，它也能帮助妈妈避免抽筋，维持稳定的血压，减少妊娠高血压疾病的发生，是孕中期不可或缺的营养素之一。

*1 牛奶

牛奶中含有丰富的钙质，而且市面上已有额外添加钙质的高钙奶粉可供准妈妈饮用，这是补充钙质的最佳来源之一。

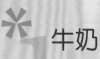

*2 乳酪

乳酪是牛奶的加工再制品，但它在制造过程中产生的凝乳结块可以把牛奶中的钙全都留在乳酪里，浓度比牛奶高出7～8倍，是绝佳的补钙食物。

*3 豆干

豆干是营养丰富的食物，除了富含蛋白质及多种矿物质、维生素外，它也含有丰富的钙质，并且具有方便取得和烹调方法多的优点，可以适时适量在饮食中补充。

*4 苋菜

苋菜不但是含有大量钙质的绿色蔬菜，也含有纤维素，适合清炒、煮汤或和银鱼一起烹调，别具风味，而且不会额外增加热量。

*5 小鱼干

小鱼干中保存了完整的鱼骨头，所以准妈妈可以直接摄取鱼骨中丰富的钙质。同理，银鱼也是很好的钙质来源，可以在料理中酌量添加食用。

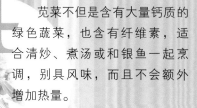

6 海鲜类

海鲜类如银鱼、蛤蜊、螃蟹等，都是钙质很好的食物来源，可以适时地食用，以变化口味。但要注意其中的螃蟹是容易引发过敏的食物，若是易过敏人群，则不建议食用。

7 发菜与紫菜

在海洋中生长的发菜和紫菜，不但含有丰富的钙质，也有大量的矿物质和纤维素，是建议准妈妈多吃的健康食物。

8 芝麻

芝麻是不可小觑的补钙食物，与同重量的牛奶相较，它的钙含量是牛奶的18倍之多！不过芝麻中丰富的油脂遇氧容易酸化，所以要在新鲜期内食用。

9 绿豆芽

别因为绿豆芽既便宜又常见就小看它的营养价值哦！绿豆芽除了含有和一般蔬菜相同的水溶性维生素，还含有钙、铁、钾等，是很适合准妈妈多吃的，它是既营养又经济实惠的好蔬菜。

10 大骨高汤

大骨高汤指用小火慢炖，把动物骨头内的钙质熬出来的高汤，尤其用猪大骨的效果更好。这类高汤除了可以直接加热喝，还可以作为烹调其他汤品的汤底或炒菜时使用。

Calcium

孕中期生活上要注意的事

从孕中期开始，准妈妈除了在饮食上要注意营养均衡之外，在生活上，也要适时地调整，这样才能收到双管齐下的功效。

[吃营养素补充剂]

怀孕中期的营养需求量比较大，因为胎宝宝会直接从准妈妈体内取用营养素，所以准妈妈也要补充足够的营养素。此时，准妈妈可以补充钙片、铁、B族维生素、卵磷脂、新宝纳多等，但记得要先征询医生的意见哦！

[注意活动的安全]

准妈妈在怀孕中期开始，肚子会慢慢隆起，如果不小心跌倒，还是可能会发生流产的，所以要特别注意活动的安全性，可穿低跟的鞋、避免爬高，在湿滑的浴室多注意等。

[避免久站、适时休息]

因为肚子隆起之故，准妈妈的身体重心有了变化，随着胎宝宝成长，更会加重脊椎的负担，所以容易引起腰酸背痛的症状。这时准妈妈应该避免久站以减轻脊椎的负担，这样才能有效缓解不适的症状。

[换穿宽松的衣物]

从怀孕4个月起，准妈妈的身材会开始发生变化，随着胀大的肚子，必须要改穿比较宽松的衣服才不会有压迫、不透气的束缚感。

除了肚子的隆起更明显之外，准妈妈的胸部也开始慢慢胀大，所以，内衣的罩杯也必须升级，并且选择没有压迫感的胸罩才能缓解乳房胀大的不适感。

还有其他的穿着物如鞋子、袜子、内裤等，也最好能选用触感柔软、有弹性、能透气、保暖的材质，呵护宝贝和自己的身体。

[睡觉时采取左侧睡方式]

为了避免压到下腔静脉，造成血液回流不好而产生水肿的现象，建议准妈妈最好从孕中期开始采取左侧睡方式。另外，左侧睡也可让子宫不被压到，以免造成腹部的血流量减少，不利于胎宝宝的生长。

但要注意，并不是每一位准妈妈的子宫与下腔静脉的位置都相同，因此，准妈妈如果觉得左侧躺反而不舒服，可以改成右侧躺或是两腿略为抬高的姿势，中间夹枕头，也都是可以的。

孕中期常见的不适症状及改善方法

准妈妈在孕中期随着胎宝宝长大肚子也会随之胀大，于是便会渐渐产生便秘、腰酸、抽筋等不适的症状。不过这些状况都可以通过一些小方法来减轻。

不适症状 1 抽筋

★ 什么是抽筋

抽筋的学名是"肌肉痉挛"，容易发生在孕中期之后，尤其是怀孕5个月以后的准妈妈，可能会出现半夜被抽筋痛醒的情况。

★ 原因

1.缺乏钙质

胎宝宝会直接从母亲体内取用所需的钙质，一旦胎宝宝拿走的钙质比较多，加上准妈妈摄取的钙质又不足，就会造成血钙的浓度太低，影响神经传导，发生肌肉紧缩的抽筋现象。

2.血液循环不佳

胀大的子宫会压迫到附近的大血管，使下肢容易发生血液循环不好的情形，因而促发抽筋。

3.体重增加

准妈妈怀孕期间体重直线上升，使腿部肌肉要承受比平常大的压力，让腿部肌肉容易发生疼痛性的抽筋。

★ 改善方法

- 多吃富含钙质的食物或吃钙片补充，以及适当地晒太阳，都可帮助身体内的维生素D_3合成，有助于钙质的吸收。
- 对经常发生抽筋的部位按摩，以促进血液循环，松弛腿部肌肉。
- 注意下半身的保暖，改善下肢血液循环。
- 从事温和的运动，放松肌肉就可以有效减少抽筋发生的概率，舒缓疼痛的感觉。

★ 脚抽筋怎么办

准妈妈脚抽筋时若是站着，可把脚跟着地；若是平躺，可伸直抽筋的腿部，将脚掌从趾尖往自己身体方向下压，让小腿筋有被拉直的感觉，再按摩及热敷腿部肌肉，并以踝部进行绕圈运动。

不适症状 2 腰酸背痛

★ 原因

准妈妈肚子胀大之后增加了脊椎的负担，使身体重心改变，常常不知不觉就会用不正确的姿势站或坐，一天下来难免要腰酸和背痛了，再加上怀孕期间激素的改变，会使关节松弛、软化。

★ 改善方法

- 保持正确的姿势：抬头挺胸，可以用手扶腰，微微后倾，调整重心。
- 坐的时候可使用坐垫，让背有支撑。
- 避免拿重物、避免维持固定的姿势超过20分钟，坐久可以起来走一下，伸展筋骨。
- 利用托腹带支撑腹部，减少背部过度用力。
- 按摩腰背部以促进血液循环、放松肌肉。

不适症状 3 便秘

★原因

准妈妈的子宫增大后，渐渐压迫到肠胃的部位，让大便不太容易排出而留在体内，等粪便干硬了之后，又会阻塞新便的排出，于是掉进便秘的恶性循环里。

有些妈妈服用的营养补充剂，其中含的铁剂也会造成便秘。

持续性的长期便秘也容易使肛门附近的血液循环发生问题，进而引发恼人的痔疮。虽然便秘问题是常见的自然现象，但还是要想办法解决，不能放任不管。

★改善方法

1.多喝水

准妈妈怀孕期间的水分需求量比平常还要多，除了母子两人的代谢用水之外，还有血液、羊水、体液等所需，1天要喝2000毫升的水才能补充足够的水分。

2.补充纤维素

准妈妈多吃蔬菜、水果等富含水分与纤维素的食物，这样可以帮助粪便形成，使排便顺利。

3.养成规律的运动习惯

准妈妈最好每天都能适当运动，像散步、游泳等温和的运动能有效刺激肠胃蠕动。

4.起床喝一杯温水

准妈妈在起床后到吃早餐的这段时间里，先喝一杯温开水，可以唤醒肠胃开始一天的工作，也能帮助准妈妈产生便意。

 常会出现的合并症——妊娠糖尿病

妊娠糖尿病是专指准妈妈在怀孕前血糖一切正常，而在怀孕期间（大多是24~28周）所引发的糖尿病。目前研究表明，可能是因为妈妈在怀孕期间，胰岛素的分泌不足或无法发生效用，导致血糖过高而致病。由于现代人的饮食精致，很容易摄取过多的热量，因此，怀孕女性罹患妊娠糖尿病的概率确实愈来愈高了。

妊娠糖尿病会使准妈妈的体重失控，影响子宫中的胎宝宝，使他的器官容易发育不成熟，进而发生先天性异常或是成长过快而变成巨婴，造成分娩时难产。不过，患者也不用过于担心，如果能够遵照医生指示，调整生活饮食习惯，减少淀粉类和零食的摄取以控制体重，甚至配合打胰岛素，还是可以获得很好的控制，平安顺利地生下胎宝宝。

 2人份　 47.5千卡

豌豆芽丝

❋材料
豌豆荚 100克
绿豆芽 100克
海苔香松 ....少许

❋调味料
酱油 1/4小匙
盐 ....少许
白胡椒粉 ....少许
香油 ....少许

❋做法

1.. 豌豆荚撕去头尾及两侧荚膜，
切细丝；绿豆芽摘去头尾，
备用。

2.. 豌豆丝放入滚水氽烫20秒取
出，再放绿豆芽氽烫5秒取
出，并沥干水分。

3.. 将烫熟的豌豆丝及绿豆芽放入
大碗中，再加入调味料拌匀，
静置冰箱内冷藏1小时。

4.. 食用前，撒上海苔香松拌匀，
倒入盘中即可。

▲MENU 01

贴心分享...

☆豌豆俗称荷兰豆，含丰富维生素C、维生素B₁、蛋白
质、叶酸、纤维素及磷，可强身补血。烹调时以鲜
脆口感最佳，营养也较不易流失。孕中期的胎宝宝
已有完整人形，故应多摄取蛋白质和富含维生素的
食物，帮助胎宝宝的成长及发育。

☆此凉拌菜为天津常见的开胃小菜，取材容易，做法
简单，口感清淡，又富含纤维素，很适合怀孕胃口
欠佳的准妈妈享用。

孕中期

Pregnant Recipes
针对4~6个月的准妈妈设计的营养美食

2人份  177.5千卡

味噌秋葵

❋材料
秋葵 200克

❋调味料
白味噌 2大匙
香油 1大匙
芝麻酱 1/2大匙
糖 1/2小匙
冷开水 3大匙

❋做法

1.. 秋葵切去蒂头；调味料拌匀成酱汁，备用。

2.. 秋葵放入滚水中汆烫1分钟，捞起沥干水分，备用。

3.. 将秋葵放在盘中，淋上拌好的调味酱汁即可。

贴心分享...

☆ 秋葵含有丰富的B族维生素、维生素A及钙、镁，对人体骨骼发育和肌肉收缩非常重要，可以改善孕中期常发生的抽筋症状。其中所含的镁元素是常为人们所忽略的，一般多在坚果、豆类、谷类及绿色蔬菜中可摄取到。

Pregnant Recipes

孕中期

针对4~6个月的准妈妈设计的营养美食

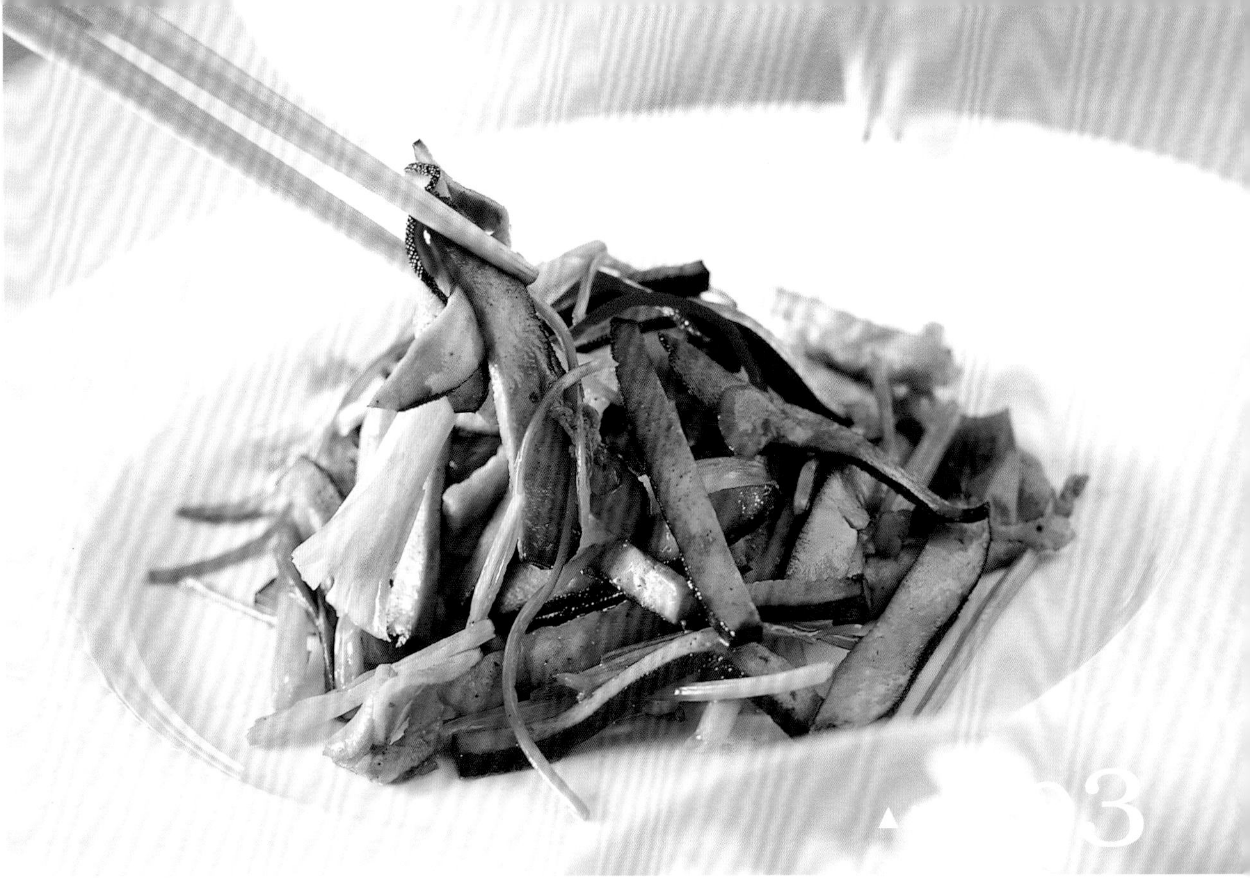

香根家常豆干丝

2人份　243.5千卡

材料
- 猪肉丝 100克
- 豆干 2块
- 芹菜 1根
- 香菜 50克
- 大蒜 2瓣
- 红辣椒 1根

腌料
- 酱油膏 1/4大匙
- 淀粉 1/2小匙
- 白胡椒粉 ....少许
- 香油 ....少许
- 水 1/2小匙

调味料
- 酱油 1/2小匙
- 糖 1/4小匙
- 盐 ....少许
- 水 1小匙

做法

1. 猪肉丝放入腌料抓匀，放入冰箱内冷藏1小时，备用。
2. 豆干切细条；芹菜和香菜挑除叶片，将茎切5厘米段状；大蒜切片；红辣椒切开、去籽，切细丝，备用。
3. 炒锅中火预热，加3大匙油以中小火烧热，放入豆干丝以大火略炒，即盛入漏勺内沥去多余油。
4. 利用锅中余油烧热，以中小火快炒猪肉丝至七分熟，并放入蒜片、辣椒丝炒香，续放豆干丝、调味料转大火快炒，加入香菜、芹菜略炒10秒，即熄火盛起。

贴心分享……

☆此道家常小炒，搭配肉丝使蛋白质的量提升，开胃又营养；其中的豆干也含大量蛋白质，饱和脂肪含量极低，又有丰富的钙和维生素E，对此时期胎宝宝脑部的细胞发育很有帮助。

☆如果准妈妈的肌肤较易吸光而引起黑色素沉淀，建议将香菜和芹菜舍弃，改用蒜苗，因香菜和芹菜属吸光性食物，多吃易引起黑斑。

3人份  195千卡

虾球西蓝花

✳材料
草虾 (或白虾) 200克
西蓝花 ....1 棵 (约200克)
大蒜 2瓣

✳腌料
淀粉 1/4小匙
盐 ....少许
白胡椒粉 ....少许

✳调味料
番茄酱 1大匙
糖 1小匙
盐 1/4小匙
淀粉 1/4小匙
水 2大匙

✳做法

1.. 草虾剥壳去虾头，在背部划一刀，以牙签剔除泥肠，取少许淀粉(分量外)抓洗后，以清水冲净并沥干水分，放入腌料拌匀，静置冰箱冷藏1小时。

2.. 西蓝花以小刀剥去梗部硬皮，切成和草虾仁大小相同的小朵；大蒜切碎；调味料全部一起拌匀，备用。

3.. 西蓝花放入滚水中汆烫，至熟即捞起。

4.. 炒锅中火预热，加3大匙油烧热，放入虾球过油，见虾肉颜色一变，用漏勺捞起、沥除多余油，备用。

5.. 利用锅中余油以中小火炒香蒜末，加进虾球和所有的调味料，转中火炒匀，即可盛起和西蓝花一起装盘。

贴心分享...

☆西蓝花即绿花椰菜，富含叶绿素、叶酸和维生素C，对胎宝宝生长发育有帮助。但是，甲状腺功能亢进的人，对十字花科的蔬菜，如 圆白菜、大白菜、芥菜等应酌量食用，避免影响甲状腺功能，可改用豌豆荚、芦笋或油菜代替。

☆虾类含丰富的维生素B_{12}，有助于细胞分裂和促进叶酸在细胞中的吸收，但如有皮肤过敏的准妈妈，应小心摄取，不宜过量。

MENU 04

孕中期

Pregnant Recipes

针对4~6个月的准妈妈设计的营养美食

2人份　 284.5千卡

香烤鲑鱼

※材料
鲑鱼 ....1片（约200克）

※腌料
味噌 2大匙
紫苏梅汁 2大匙
果糖 1小匙

※做法

1.. 鲑鱼用厨房纸巾拍擦掉多余水分；腌料调匀，备用。

2.. 将腌料涂抹在鲑鱼两面，放入冰箱冷藏1天，使其入味。

3.. 烤架上放上铝箔纸，并抹上一层油，将鱼肉上的腌料渣清除掉后，放入已预热220℃的烤箱内，烤15分钟，直到外观微焦。

4.. 烤熟的鲑鱼放在盘中，食用时可随个人喜好，淋些许柠檬汁或梅子汁，并搭配生菜沙拉使用。

贴心分享……

☆鲑鱼含丰富ω-3脂肪酸，能防止动脉血管阻塞，更可避免过胖的准妈妈血管硬化，引起中风。此外，ω-3脂肪酸也可促进胎宝宝脑部、视网膜的发育，并增强胎宝宝免疫功能，对准妈妈及胎宝宝是很好的营养来源。

☆准妈妈常在不知不觉中摄取过多的油脂和肉类，造成肥胖或血压过高，建议每周测量体重，养成每天散步2次，多吃青菜、水果的好习惯。

▼MENU 05

 2人份 kcal 394千卡

干煎葱肉卷

✻材料
梅花肉片 8片
葱 4根

✻腌料
酱油 ....少许
香油 ....少许
白胡椒粉 ....少许

✻酱汁
淡酱油 1大匙
新鲜葡萄柚汁 2大匙
水 2大匙

✻做法

1.. 梅花肉片放入腌料抓匀，静置腌30分钟；葱切8厘米长段；酱汁全部一起调匀，备用。

2.. 摊开腌入味的肉片，包入2根葱段，顺势包卷，卷成如蛋卷般，直到肉片卷完，备用。

3.. 平底锅中火预热，加1/2大匙油烧热，将葱肉卷放入，先煎肉卷开口边面(使其固定住，不易开口)，待可翻动时，翻面再煎，直到肉卷两面煎熟，外观呈金黄色，盛起备用。

4.. 以厨房纸巾擦干平底锅，倒入酱汁以小火煮开，放入葱肉卷以大火收汁1分钟，即可盛盘。

贴心分享....

☆ 葱含有钾和叶酸，可杀菌、预防感冒及帮助开胃；此菜利用青葱和梅花肉相互搭配所产生的香味，加上酸甜的葡萄柚酱汁，不仅可增进食欲，也能减少肉类的油腻感。

☆ 梅花肉的蛋白质含量丰富，对胎宝宝脑细胞的完整发育很有帮助，且其具有油纹组织，可防止肉卷烹调时口感过老，让准妈妈享用时较易入口。

▼MENU 06

孕中期

Pregnant Recipes

● 针对4~6个月的准妈妈设计的营养美食

葱烧小排

 2人份　 285千卡

✳材料
　猪小排 2块
　洋葱 60克

✳腌料
　红酒 1小匙
　酱油 1/2小匙
　白胡椒粉 ....少许
　柠檬丝 1/2粒

✳调味料
　蜜汁烤肉酱 1大匙
　番茄酱 1小匙
　白胡椒粉 ....少许
　香油 ....少许
　水 1/2杯

✳做法

1. 猪小排加入腌料抓匀，放到冰箱内冷藏6小时；洋葱切丝，备用。

2. 平底锅中小火预热，放进小排，续以中小火干煎，煎到小排可翻动时翻面再煎，煎约5～8分钟，直到两面外观呈金黄色泽、肉缩、外观微焦。

3. 放入洋葱丝，以中小火拌炒至微软，加入所有的调味料及腌料酱汁，以小火煮至完全收汁，即可盛盘。

☆烹调猪小排虽需花较长时间，但其所含蛋白质、B族维生素、铁和锌的营养价值很高，对胎宝宝此时的骨骼、肌肉发育以及造血功能发育很有帮助。

☆洋葱含有的天然化学物质，可抑制哮喘等过敏症状的发生，将其发生率降低约50%；洋葱的杀菌力强，还可防止细菌感染引发哮喘及气管过敏症状；更棒的是，洋葱不管生吃或熟吃，都能防止油脂对血液产生有害作用，对准妈妈很有帮助。

 贴心分享……

 2人份　 550千卡

番茄炖牛肉

✱材料
牛腱 1条 (约300克)
番茄 3个
洋葱 1/2个
冷冻青豆 120克
水 800毫升

✱氽烫料
葱 1根
老姜 4片
米酒 1/2杯

✱调味料
A.橄榄油 1小匙
B.黑胡椒粉 ....少许
红酒 1杯
市售意大利面番茄糊 1杯
盐 ....适量
面粉糊 1/2杯

✱做法

1.. 牛腱及氽烫料放入滚水，以中小火煮15分钟，熄火后续焖15分钟，取出牛腱冲冷水冷却。

2.. 番茄在表皮划几刀，放入滚水中氽烫后，直到刀痕处出现裂缝，取出泡在冷水中。

3.. 牛腱切1厘米片状；洋葱切丝；番茄用手剥除外皮后，切块状，备用。

4.. 炒锅放入1小匙橄榄油，放入洋葱丝以小火炒香，续放入牛腱块、番茄块、胡椒粉改中火翻炒后，倒入红酒，盖上锅盖，以小火焖煮15分钟，直到番茄软化。

5.. 掀开锅盖，加进水、番茄糊以大火煮开，改小火煮30分钟后，加入青豆、盐续以小火煮5分钟，最后加进面粉糊拌匀成芡汁状，即可熄火。

✱面粉糊做法

1.. 炒锅内放入1大匙奶油，以小火煮融，再放入3大匙面粉以小火慢慢炒出香味，熄火冷却，备用。

2.. 将冷却的面粉、3大匙水倒入果汁机中，搅打均匀，即是面粉糊。

贴心分享....

☆番茄炖牛肉回锅炖煮味道更佳，此菜中的牛肉补铁，番茄含B族维生素、维生素A、维生素C、维生素E及磷、钠、钾、镁，消化后呈碱性，可清洁肠内酸性杂质；加上青豆又含有丰富的蛋白质和维生素C及维生素B₁，可提供胎宝宝和准妈妈完整的营养。

孕中期

 *Pregnant Recipes*

4人份 · 424千卡

贵妃牛腩

✳材料
牛腩 300克
胡萝卜 1根
洋葱(大) 1/2个
老姜 6片
红辣椒 1/2根

✳汆烫料
葱 1根
老姜 4片
米酒 1/4杯

✳调味料
白胡椒粉 1/6小匙
冰糖 1大匙
豆瓣酱 3大匙
酱油 1大匙

✳做法

1.. 牛腩和汆烫料放入滚水中，煮开后转中小火续煮15~20分钟熄火，让牛腩浸泡锅内10分钟，使血水充分溢出后，取出冲冷水洗净。

2.. 牛腩切1厘米的厚片；胡萝卜削皮切滚刀块；洋葱切丝；辣椒切开，备用。

3.. 炒锅中小火预热，加2大匙油，放入姜片、辣椒以小火爆香后，加入牛腩块和洋葱丝，转中火炒软洋葱，并加入所有的调味料，转小火翻炒约3分钟。

4.. 加入3杯水及胡萝卜，先以中小火煮开，再转小火炖煮约30分钟，即可熄火(食用前加热煮开风味更佳)。

贴心分享…

☆准妈妈怀孕时如能多食用牛肉，可在漫长的怀孕日子里有足够的体力迎接小宝贝的诞生。另外，选购牛肉时，建议以脂肪较少、热量较低的牛腩或牛腱为佳。

☆胡萝卜中的β-胡萝卜素和纤维素，因属脂溶性，与牛肉搭配食用可被充分吸收，对增强体力有很好的助益。

孕中期

Pregnant Recipes
● 针对4~6个月的准妈妈设计的营养美食

2人份  105千卡

小鱼蛋豆腐

✽材料
鸡蛋豆腐 2盒
银鱼 50克
葱 1根

✽调味料
盐 ....少许
白胡椒粉 ....少许
香油 ....少许
淡酱油 ....少许

✽做法

1. 银鱼沥干水分；葱切细碎，备用。

2. 炒锅中小火预热，加1/2小匙的油烧热，放入银鱼转中火，不停翻炒至略干后，加入盐、胡椒粉、香油转大火快炒，即可盛起。

3. 将鸡蛋豆腐倒扣在盘上，铺上银鱼、葱碎，最后淋入淡酱油。

贴心分享...

☆ 豆腐富含钙质，并含有锰、磷、铁和维生素E，是营养均衡的食物；如果购买不到鸡蛋豆腐，可改用嫩豆腐代替。银鱼的热量极低，又富含钙质，对胎宝宝骨骼及牙齿的发育极有帮助，还可预防孕中期常出现的抽筋现象。

▲ MENU 10

 2人份　 163.5千卡

山药味噌鱼汤

✳材料
山药 150克
红石斑鱼 100克
豌豆苗 ....少许
干海带芽 ....少许
水 600毫升

✳调味料
味噌 .....3大匙 (视个人口味作调整)

✳做法

1.. 石斑鱼肉切块；山药削皮、切块，备用。

2.. 汤锅内倒入水，将味噌放入滤网内并半浸入锅中，用小汤匙将味噌细磨入水中混合均匀。

3.. 山药块放入味噌汤内，先以大火煮开，转中小火煮约15分钟，直到山药熟软。

4.. 续放入海带芽、石斑鱼块以中火煮2分钟，放入豌豆苗即可。

贴心分享……

☆山药可以帮助消化、增强体力、滋补脾胃，加上其含丰富的多糖类，故是准妈妈补充体力的最佳食物选择。

☆味噌是健康酵母食物，除帮助开胃，更可促进肠胃的抵抗力、预防疾病，但烹调时应留心其盐分的浓淡，以免摄食过多，造成妊娠高血压或水肿。

Pregnant Recipes

孕中期

针对4~6个月的准妈妈设计的营养美食

2人份　272千卡

蔬菜牛肉汤

✳ **材料**

牛腱 1/2条 (约200克)

番茄 2个

胡萝卜 1/4根

白萝卜 1/4根

圆白菜叶 1片

水 (或高汤) 800毫升

✳ **氽烫料**

葱 1根

老姜 2片

米酒 1大匙

✳ **调味料**

A.橄榄油 1小匙

B.市售意大利面番茄糊 2大匙

　白胡椒粉 ....适量

　月桂叶 1片

　盐 ....适量

✳ **做法**

1.. 牛腱及氽烫料放入滚水中，以中小火煮10分钟，熄火后焖10分钟，取出牛腱冲冷水去血水；番茄在表皮划几刀，放入滚水中氽烫后，直到刀痕处出现裂缝，取出泡在冷水中，备用。

2.. 牛腱切成0.5厘米的片状；胡萝卜、白萝卜削去外皮、切块；圆白菜用手剥成片状；番茄用手剥除外皮，切块状，备用。

3.. 炒锅倒入橄榄油以小火烧热，放入牛腱、番茄糊及胡椒粉，以中小火炒约5分钟，续加入胡萝卜块、白萝卜块、圆白菜片、番茄块、月桂叶及水，转大火煮滚，再以小火煮30分钟，加盐调味即可。

贴心分享….

☆胎宝宝4~5个月时，脑部细胞开始生长；6~7个月形成大脑皮质结构，血液与肌肉系统也都在加速发育，此时应多补充肉、蛋、鱼、牛奶，协助脑部发育。利用各种蔬菜炖煮牛肉汤，不仅可让准妈妈摄取到足够的蛋白质，又可帮助准妈妈肠道蠕动、预防便秘。

☆特别是当胎宝宝已能在妈妈的子宫内张开眼睛时，更应多补充能帮助视网膜发育的维生素A；胡萝卜中的β-胡萝卜素，经人体吸收能转化为维生素A，对胎宝宝表皮黏膜的完整与视力很有帮助。不过，β-胡萝卜素属脂溶性，建议结合烹调油脂煮熟，更能完整吸收。

MENU 12

2人份　 188.5千卡

彩粒牛肉羹

❋材料
　瘦牛肉 100克
　冷冻三色豆 50克
　鲜香菇 2朵
　蛋白 1颗

❋腌料
　蚝油 1小匙
　淀粉 1小匙
　蛋白 ....少许
　香油 ....少许
　白胡椒粉 ....少许

❋调味料
A.高汤 500毫升
　盐 1/2小匙
　香油 ....少许
　白胡椒粉 ....少许
B.淀粉 3大匙
　水 3大匙

❋做法

1.. 牛肉切碎丁，放入腌料抓匀，静置冰箱内冷藏1小时；鲜香菇切丁；蛋白打匀；调味料B调成水淀粉，备用。

2.. 三色豆放入滚水中，汆烫1分钟捞起，备用。

3.. 取汤锅，放入香菇丁、三色豆及高汤，以中火煮开后，加盐调味，再将调味料B调成的水淀粉缓缓加入，待拌匀煮开，加入牛肉丁，再次以中火煮开即可熄火。

4.. 将蛋白慢慢倒入羹汤中，以汤勺依顺时针方向搅动，让蛋白呈丝状凝固，食用时加入香油、胡椒粉。

贴心分享...

☆准妈妈怀孕时会因胃口不佳使体重太轻，进而影响到胎宝宝。此时应摄取更多的蛋白质，如牛肉、鸡肉等来改善身体状况，以免胎宝宝早产或脑部发育不全。准妈妈若不喜欢吃牛肉，可改猪小里脊肉代替，一样可以提升铁质和矿物质的吸收。

孕中期

Pregnant Recipes
● 针对4~6个月的准妈妈设计的营养美食

香菇滑鸡片粥

 1人份　260千卡

✳材料

鸡胸肉 1片 (约60克)
大米 1/5杯
燕麦 ....少许
干香菇 2朵
葱 1根
嫩姜 1片
水 (或高汤) 2杯

✳腌料

淀粉 1/2小匙
酱油 ....少许
白胡椒粉 ....少许
香油 ....少许

✳调味料

盐 1/2小匙
香油 1/4小匙

✳做法

1. 鸡胸肉切薄片，加入腌料抓匀后，放入冰箱冷藏1小时；燕麦泡水3~4小时；香菇泡水5分钟，洗净换水续泡15分钟，直到变软；香菇和姜切片，备用。

2. 取锅，放入大米、燕麦、葱、姜片及水，先以大火煮开，再转小火煮15分钟，续加入香菇片一起煮10分钟。

3. 鸡片放入燕麦粥中，再加入调味料拌匀，以中火煮开后熄火，盛时将葱、姜挑除。

贴心分享……

☆准妈妈怀孕期间，碰到天热没有食欲又精神不济时，可换吃粥品来提神开胃。香菇的蛋白质含量比一般蔬菜高十几倍，鸡肉含有18种氨基酸，加上其低脂肪、易消化，又有丰富多糖体，可提升准妈妈的免疫力，预防感冒。但如果妈妈有过敏现象，就需少用香菇，以免加重过敏。

☆锰元素不足易造成胎宝宝骨骼畸形，而锰在谷类、坚果、豆类、糙米、菠萝、莴苣中的含量都非常丰富。

▲ MENU 14

2人份　 255千卡

牛蒡燕麦饭

❋材料　　　　　❋调味料
　牛蒡 ......1/4根　　淡柴鱼酱油 ...1/4小匙
　大米 ......1/2杯　　盐 ......少许
　燕麦 1/4杯
　胡萝卜 ......少许
　小鱼干 ......少许
　水 1杯

❋做法

1.. 燕麦加水浸泡3～4小时；牛蒡削皮、切斜片后，放入燕麦中浸泡5分钟；胡萝卜切丝，备用。

2.. 将大米和燕麦、牛蒡片混合后，放入胡萝卜丝、小鱼干和所有的调味料，将其全放进一大碗内，将碗放入加适量水（分量外）的蒸锅内，水沸后转中小火续蒸30分钟即可。

☆牛蒡中含丰富的纤维素，对改善便秘甚为有效。牛蒡中所含的特殊菊糖能促进肌肉发育，增强体力，不仅可帮助胎儿宝宝发育，还可协助辛苦的准妈妈补充体力来应付怀孕的负荷。

☆燕麦中的纤维素可预防便秘，防止痔疮和憩室炎，并可和肠道中的胆酸结合，降低血液里的胆固醇，但需适量食用，以免影响肠胃对钙、铁的吸收能力。

☆小鱼干中的钙质丰富，准妈妈应多摄取，以免钙质不足引起脚部抽筋。另外，准妈妈如果容易抽筋，应在睡觉时穿上袜子使脚部保暖。

☆这道菜将牛蒡泡入米中，可利用米吸收牛蒡的糖类和矿物质，让牛蒡的营养不流失。

▼MENU 15

孕中期

Pregnant Recipes
● 针对4~6个月的准妈妈设计的营养美食

京酱肉丝包饼

 2人份　 553千卡

✳材料
猪肉丝 200克

小黄瓜 2根

市售烙饼或葱油饼 2张

✳腌料
蛋白 1/2颗

淀粉 1/2大匙

蚝油 1/4小匙

白胡椒粉 ......少许

香油 ......少许

✳调味料
甜面酱 1大匙

香油 1小匙

酱油 1/2小匙

糖 1/2小匙

淀粉 1/2小匙

陈醋 1/4小匙

水 2大匙

✳做法

1.. 猪肉丝加入腌料抓匀，放到冰箱内冷藏1小时；小黄瓜切丝；所有调味料调匀，备用。

2.. 炒锅中火预热，加3大匙油转中小火烧热，放入猪肉丝续以中小火炒至肉色转白，盛入漏勺内沥除多余油，备用。

3.. 将锅中余油擦干净，倒入调好的调味料以小火煮开，续放进肉丝改大火煮约10秒，直到收汁，盛起，即为京酱肉丝。

4.. 另取一平底锅放少许油，以中小火加热，放入葱油饼用中小火煎至两面金黄，即可取出。

5.. 食用时，把京酱肉丝、小黄瓜丝包入葱油饼内，卷成长条状，对切即可食用。

贴心分享……
☆这里将原本京酱肉丝包饼中的青葱丝换成黄瓜丝，除可增加维生素C的吸收，还可避免生葱味残留口中，引起准妈妈反胃。

☆准妈妈如果不喜欢包饼吃或担心葱油饼热量较高，也可直接搭配大米饭食用，也非常开胃下饭。

▼MENU **17**

🍴 1人份　🔥388千卡

金枪鱼蔬菜意大利面

❋材料

金枪鱼罐头 1/2罐

意大利面 50克

洋葱 60克

鲜香菇 2朵

红甜椒 1/4颗

豌豆苗 ....少许

❋调味料

A.橄榄油 ....少许

　盐 ....少许

B.橄榄油 1小匙

C.盐 1/4小匙

　黑胡椒粉 ....适量

❋做法

1. 意大利面以放射状方式放入滚水中，加入橄榄油、盐，以中火煮约8～12分钟，捞起备用。

2. 洋葱切丝；香菇切薄片；红甜椒去籽切丝，备用。

3. 炒锅加入1小匙橄榄油后，放入洋葱丝以中小火炒软，再加入红椒丝、香菇片和金枪鱼以中火略翻炒过，放入意大利面、盐、黑胡椒粉及豌豆苗拌匀即可。

孕中期

Pregnant Recipes

● 针对4~6个月的准妈妈设计的营养美食

1人份  165千卡

番茄菠萝汁

❀材料
番茄 1个
菠萝 100克
胡萝卜 50克
柠檬 1/6个
冰开水 300毫升

❀调味料
蜂蜜 ....少许

❀做法

1.. 番茄、菠萝切块；胡萝卜削皮、切块；柠檬挤汁，备用。

2.. 将做法1处理好的材料、蜂蜜及冰开水，放入榨汁机中，搅打成果汁。

 1人份 90千卡

番茄紫苏梅汁

❀材料
番茄 1个
苹果 1个
柠檬 1/8个
冰开水 200毫升

❀调味料
紫苏梅汁 1大匙

❀做法

1.. 番茄切块；苹果削皮切块；柠檬挤汁，备用。

2.. 番茄块、苹果块和冰开水放进榨汁机中，搅打均匀，倒入杯中，并加入柠檬汁、紫苏梅汁调匀。

MENU 18

▲MENU

贴心分享......

☆番茄菠萝汁中含维生素A、维生素C、B族维生素、磷、钾、钠、镁，每天摄取肉类蛋白质的准妈妈，饭后饮用能帮助消化和补充维生素C，更可借由维生素C和食物中的铁、钙相互带动吸收，成为健康又有好气色的美丽准妈妈！

☆番茄紫苏梅汁除可帮助体内排解代谢毒素，番茄中的钾还可净化血液，使女性怀孕后依然拥有美丽光亮的肌肤；也可改用市售罐装番茄汁替代，不过应挑选适合准妈妈的不含盐分的番茄汁。

▼ MENU 21

▲ MENU 20

Pregnant Recipes  孕中期

● 针对4~6个月的准妈妈设计的营养美食

1人份　 250千卡

苹果巧派

✳材料
　市售冷冻派皮 2张
　苹果 1/2个
　橘子果酱 1大匙
　新鲜柠檬汁 1/2小匙
　鸡蛋 1个

✳做法

1.. 苹果削皮，挖去核子、切片；蛋打成蛋液；派皮放在室温中30分钟回软。

2.. 苹果片放入锅中，倒入1杯水，以中小火煮约15分钟，直到苹果变软，续加入橘子果酱及柠檬汁，搅拌匀即熄火，放置冷却，即为苹果馅。

3.. 取2大匙的苹果馅，放入派皮中，包成饺子状，表面刷上蛋液，再用牙签在派皮上戳出几个气孔(以免烘烤时变形)。

4.. 取烤盘，铺上铝箔纸，将苹果派移到烤盘上，放入已预热180℃的烤箱内，烤15分钟，直到外表呈金黄色即成。

 1人份　 100千卡

鲜果茶

✳材料
　苹果 1/2个
　柳橙 1/2个
　菠萝 10克
　新鲜薄荷叶 (或干燥薄荷适量) 1片
　水 300毫升

✳做法

1.. 苹果削皮、切丁；菠萝切丁；柳橙放入榨汁机，压出果汁，备用。

2.. 取锅，放入苹果丁、菠萝丁及水，以小火煮15分钟。

3.. 倒入柳橙汁、薄荷，以中火煮开后，改小火煮3分钟，熄火滤去果肉，倒入杯中，加1片薄荷点缀。

贴心分享...

☆有喝咖啡习惯的准妈妈，建议可换成此自制天然水果茶；最好不要加糖，材料中的柳橙已含有天然糖分。

☆薄荷虽可在准妈妈胃部不适时帮助缓解放松，但切勿食用太多。

☆苹果中的果胶纤维素可帮助准妈妈肠道的蠕动和清洁，准妈妈平时如肚子微饿，可吃个香甜苹果满足口腹，还能令自己保有透明干净的肌肤，不妨试试看哦！

1人份  223千卡 2人份  170千卡

红豆饭团

✳材料
  热米饭 1/3碗
  红豆 2大匙

✳调味料
  糖 1大匙

✳做法

1.. 红豆泡水4小时后(水要盖过红豆)，放入锅内，水沸后转中小火续煮50分钟。

2.. 煮好的红豆拌入糖，以中小火煮至收汁，即为红豆馅。

3.. 双手沾点油，将大米饭捏成小饭团形状，放在盘上，淋上甜红豆馅。

MENU 22

百合莲子汤

✳材料
  新鲜百合 1/2颗
  莲子 120克
  水 3杯

✳调味料
  冰糖 1大匙

✳做法

1.. 将百合逐瓣剥下洗净，用指甲拧掉瓣尾黄膜，备用。

2.. 取汤锅，放入莲子及水，先以大火煮开，改小火煮30分钟，加入冰糖煮溶后，续放入百合以中火一起煮开即可。

MENU 23

贴心分享....

☆莲子具补中益气、调养精神的疗效，孕中期出现水肿的准妈妈，可食用莲子以减轻脚部水肿。百合具有清热、安心、益志、补五脏的功效，能帮助准妈妈调理肌肤光泽。

☆红豆中丰富的B族维生素，对于预防脚气病及改善B族维生素流失引起的口角炎有很大的帮助。

孕中期

Pregnant Recipes

针对4~6个月的准妈妈设计的营养美食

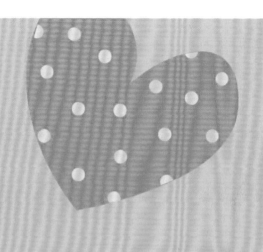

PART

3

期待新生命的
孕晚期

随着肚子变大，
身体也越来越不舒服，
随着你的到来，既期待又紧张，
只要你平安地来到世上，一切辛苦都值得！

孕晚期
准妈妈的身心变化与胎宝宝的成长

进入孕晚期，子宫急速增大，胎宝宝的活动量也更多、更频繁。这些变化都让准妈妈的身体开始产生沉重的负担，可说是一段相当辛苦的时期。

胎宝宝从7个月起，纤细的骨架及皮肤已渐渐被脂肪细胞撑起而显得光滑柔软，一切发育都逐渐成熟，只等着和爸爸妈妈见面。

第7个月

○ 准妈妈的身心变化

准妈妈的肚子有了明显的沉重感，行动开始有点迟缓和笨拙。因为胎宝宝一天天长大，需要更多营养供给和协助废物排泄，造成了准妈妈器官的负担加重，如心脏的负荷增大会胸闷、头晕，下腔静脉被压迫而出现水肿和静脉曲张等。

○ 胎宝宝的成长

胎宝宝在此时已长到约900克～1000克、38厘米，会有一身皱巴巴的皮肤，并覆盖一层细细的绒毛，看起来像一个小老头。身体已发展得较为匀称，且符合比例。此外，胎宝宝的味觉也随着舌头上味蕾的形成而变得敏感，喜欢甜甜的羊水。

第8个月

○ 准妈妈的身心变化

准妈妈的乳房也因准备哺乳而开始隆起并胀大，肚子也可能会出现妊娠纹，腹部中线色

素沉淀也逐渐明显。准妈妈期待胎宝宝出生的心情也愈来愈兴奋，多少能稍微减轻身体不适及烦躁感。

○ 胎宝宝的成长

胎宝宝的身高长势变缓，主要是集中在增加体重上，短短1个月，就能增加约800克，身上长满了细胎毛，他的头和四肢还在长，使得他的活动空间愈来愈受限，较少再做大幅度的胎位翻转。

第9个月

○ 准妈妈的身心变化

准妈妈所能提供给胎宝宝活动的空间已无法增加，然而胎宝宝还在成长，当胎宝宝活动过剧时，子宫可能会出现假性收缩，肚子会变硬且伴随疼痛。胎头下降会压迫到膀胱，所以耻骨和骨盆交会处会出现酸痛，并伴有怀孕后期尿频情形出现。

○ 胎宝宝的成长

胎宝宝的肺脏及肺泡功能在34周已经成熟了，同时加速累积脂肪，以备出生后能自我保暖。胎位大约已经固定。

第10个月

○ 准妈妈的身心变化

胎宝宝逐渐下降至子宫口，子宫底也随之下降，大多数的妈妈在此时心脏和胃的压迫感减轻，食欲会增加，但会更感腰酸，骨盆前后

的肌肉和韧带会有酸酸麻麻的感觉。准妈妈的心情除了产期将近既兴奋又紧张，还伴随对生产的忐忑不安感，建议可多和丈夫、自己的妈妈聊天，以缓解日渐沉积的压力。

孕晚期应多补充的营养素

准妈妈在孕晚期一样需加强补充蛋白质、铁质和钙质，这样才能使胎宝宝发育正常，打好健康的基础。同时，组成骨头和血液的钙质和铁质也不可或缺，可以参照孕中期的饮食建议，多吃富含钙质和铁质的食物。除此之外，这段时间还要特别注意维生素A、维生素C、维生素B12的摄取。

维生素 A

维生素A能维持上皮组织的完整，并具有保护细胞结构与功能的特性，更与细胞正常分化有关，会影响胎宝宝的细胞分裂增生是否正常、皮肤是否光滑等。此外，胎宝宝此时正在发育视网膜，维生素A会影响视力的发展与健康，所以，准妈妈应该选择富含维生素A的食物，如猪肝、瘦肉、胡萝卜、地瓜叶等。

深绿色及一些深黄色的蔬菜和水果，因为含有大量 β-胡萝卜素，可在人体内转变为维生素A供人体利用，准妈妈也应多吃。

维生素 C

大脑是全身部位中需求维生素C量最高的部位，因为维生素C能维持神经细管和脑细胞膜的健康与弹性，有助于神经传导顺畅。所以，有人说准妈妈多吃维生素C，将来胎宝宝不但皮肤又细又白，而且还会比较聪明。

不过，维生素C属于水溶性维生素，不稳定又容易流失，最好的补充方式就是吃生菜和

○ 胎宝宝的成长

胎宝宝约3000克左右、约50厘米，皮肤光滑，皮下脂肪增加，胎脂布满身体表面，特别是腋下和股沟，手指、脚趾的指甲也已长出，身体各部分的发育已趋近完成。

水果，其次是把握烹饪的时间，勿烹煮过久。建议准妈妈每日摄取110毫克的量，才能保证准妈妈和胎宝宝的运用。

维生素 B12

维生素B12是身体三大造血的重要原料之一；同时，它也会影响胎宝宝神经传导功能的发育。所以准妈妈在孕晚期时应该特别注意摄取此类维生素B12。

牛奶及一般乳制品、酵母、蛋等都含有维生素B12，但如果是吃全素的妈妈，因为减少了蛋奶类的食物来源，可多吃海带、海带芽、紫菜等补充，若有摄取不足的情形，需在征得医生同意后，另外服用维生素B12补充剂。

胎宝宝体重不够可以吃什么？

*牛奶：牛奶含有丰富的动物性蛋白质、钙质、维生素D和脂肪。所以，准妈妈多喝牛奶能有效帮助胎宝宝增加重量。

*豆浆：由黄豆制成的豆浆，含有丰富的植物性蛋白质和多种必需氨基酸，营养比起牛奶也不相上下，准妈妈可适量补充。

*鱼肉：据研究发现，鱼肉富含OMEGA-3脂肪酸，能防止早产，并可有效增加胎宝宝的体重，而且它也含有氨基酸、卵磷脂、蛋白质、钾、锌、钙等微量元素，有助于胎宝宝脑神经发育，准妈妈怀孕期间多吃鱼，胎宝宝也会比较聪明哦！

*牛腱：牛腱脂肪较少，却富有高蛋白质、铁质、钙质，也是适合准妈妈给胎宝宝补充营养、增加体重的肉类食物。

TOP10 含铁最丰富的食物

铁质不但是制造血红蛋白的重要组成成分，同时也参与人体的生理代谢作用，准妈妈在孕中期和孕晚期要特别注意铁质的摄取，才能避免母子贫血、谢失常及免疫力降低等。下面几种富含铁质的食物，准妈妈可以多多食用。

肝脏

所有含铁的食物中，动物肝脏中的铁质是人体吸收率最好的，缺铁性贫血食补首要的选择就是多吃动物肝脏。

瘦肉

包括猪肉和牛肉，特别是脂肪量少的瘦肉。瘦肉含有低脂肪、高蛋白，富含铁和钾，是准妈妈多吃又不发胖的优良补铁食物。

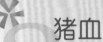

猪血

猪血的主要原料就是猪的血液，它含有很丰富的血红蛋白铁，而且容易被人体吸收，几乎和补铁剂的吸收率相当，准妈妈适当地食用猪血，是很有效的补铁方法！

黑木耳

黑木耳是含铁量极高的食物，是菠菜的30倍之多，而且黑木耳中药里早已被认定是补血良药，准妈可以在平日多加食用。

海菜

海菜含有丰富的碘、钙、铁及纤维素，特别是紫菜含铁丰富，再加上鸡蛋更能帮助铁的吸收，准妈妈常喝紫菜蛋花汤，补铁会更有效。

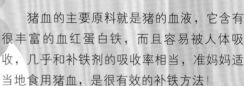

蛋黄

蛋黄也是含有多种营养素的高机能食物，其中也富含铁质，准妈妈可以在烹调时添加，酌量补充。

黑芝麻

黑芝麻不但含钙量高，同时也含有丰富的铁质。不过，黑芝麻富含油脂、热量高，准妈妈还是要注意摄取量，以免不小心造成肥胖。

坚果类

坚果类如南瓜子、松子、腰果等，含有铁、钙、不饱和脂肪酸、B族维生素和叶酸等，不过准妈妈一天只能吃一小把，免得摄入多余的热量。

红豆

红豆含有钙、磷、镁、铁、锌等矿物质和纤维素，有减轻水肿、利尿、缓解便秘的好处。红豆用红糖熬煮，就是一道美味又补血的甜汤，最适合准妈妈食用了。

深绿色蔬菜

蔬菜类含有多种矿物质，尤其是深绿色蔬菜，像红凤菜、芦笋、菠菜等都富含铁质，是摄取铁质很好的来源。

Iron

孕晚期生活上要注意的事

准妈妈在这段时间除了要当心活动上的安全，避免摔跤外，生活上也有许多需要特别留意的事，以确保生出健康的胎宝宝。

[预防早产]

所谓的早产，就是怀孕满28周但未满37周就生产。早产时因胎宝宝还未发育完全或有疾病，是造成新生儿死亡的最主要原因。除此之外，早产儿也会伴有心肺功能不全、视力或听力障碍、智力发育不全等问题，必须另外加强后续照护与治疗。

为了预防早产，准妈妈平日要多卧床休息，勿过度劳动；定期产检，以密切观察胎宝宝的生长与子宫健康的情形；若有慢性疾病如高血压、糖尿病等，更应该在孕期内接受定期的检查与治疗，控制病情发展，以有效避免早产的发生。

[睡眠充足]

随着生产时间的临近，准妈妈心里难免会有惴惴不安的焦虑情绪。由于子宫压迫到膀胱而造成夜里尿频，大大的肚子使身体重心发生变化，不再和以前一样能睡得安稳舒适，这些都容易使准妈妈睡眠不足。即使睡眠的时间足够，睡眠品质也一样堪忧。

建议准妈妈在睡前别喝太多的饮料，或做过于剧烈的运动，可以给自己冲个热水澡、听听音乐或读读书，让眼睛轻微疲劳，就比较容易睡得着。准妈妈平日也可和家人、丈夫、朋友多聊天，减轻生产的心理负担。

[产前运动]

简单的伸展、柔软运动能帮助准妈妈改善睡眠、放松心情、控制体重，更可以有效缩短产程，实在是一举多得。例如，准妈妈可以爬楼梯；用手扶住椅背，做下蹲动作；在户外的平地散散步等，都可增加大腿的力量。准妈妈不妨给自己规划一个固定的时间，早上或傍晚皆可，养成习惯之后，就能维持一定的运动量了。

此外，准妈妈还要练习腹式深呼吸，帮助放松肌肉，以减少子宫收缩时对腹部产生的压力。

[观察胎动]

准妈妈可以通过胎动观察了解胎宝宝大致的健康状况，怀孕第28～32周的胎动次数最为频繁，约每小时10～12次；自32周之后，因为胎宝宝长大，子宫空间变小，胎动次数会略为减少，大约每小时3～5次。不过，胎动次数并非绝对值，而是相对于平日次数，比平日多即为增多，反之则减少。

建议准妈妈从孕晚期开始，可以在早上、晚上，利用1小时计算胎动次数，如果发现胎动次数偏少，在刺激胎宝宝之后仍然小于3次，甚至停止，就可能是胎宝宝发生意外，有生命危险，必须立刻就医治疗。

[矫正胎位]

从胎胚着床至发育为胎宝宝，正常的情形下，胎宝宝位置并不固定，一直要到第28周，胎宝宝才会逐渐转身，变成头下脚上的状态，到32周之后位置会更固定，这样生产时，头才会先出来保证尽快自行呼吸，也就是所谓的"顺产"。

如果到36周胎宝宝还是头上脚下的状态，就是所谓的"胎位不正"，一般需要剖宫产，不然很容易发生难产，在此之前可借由矫正运动，或跟胎宝宝说说话诱导他转身，帮助胎宝宝矫正胎位，使生产较顺利且安全。

准妈妈自28周起，产检时应注意胎位是否正常，若胎位不正，可配合1天2次"膝胸卧式"的运动，帮助胎宝宝转到正位。大部分胎宝宝会转回的。

(膝胸卧式) 的做法

1. 双脚打开，与肩同宽，跪在床上或平坦的地板上，向前趴下，头侧向一边，双手贴在头部两侧的地面上。
2. 胸部与肩膀要尽量接近地面，注意大腿与地面应该垂直。
3. 每天早晚各做一次，每次需5~10分钟。

＊注意：练习此动作前，请先咨询您的妇产科医生。

[准备生产]

怀孕满9个月之后，胎宝宝已经长得差不多，随时都有生产的可能。因此，建议准妈妈先准备一个待产包，装进生产时会用得到的物品，以免临产时匆匆忙忙、手忙脚乱。待产包可以装进以下物品：

1. 相关证件

包括准生证、产检病历及围产卡、夫妻双方的身份证。

2. 住院用品

盥洗用品、御寒换洗衣物、产垫、看护垫、免洗内裤、婴儿湿纸巾、婴儿尿布等。

3. 出院时新生儿用品

包括内衣(夏天是纱布衣，冬天是棉质衣)、包裹用的毛巾、帽子、手套和袜套、外衣等。

只要准备周全，就可以安心等宝宝来报到了!

什么征兆表示要生了?

如果有阵痛、见红、破水情况发生，都是分娩的前奏，但三者没有一定的前后顺序。一般而言，若有见红现象，还可以继续观察；若出现规律性的阵痛或破水，就应该立即就医或与医院联络。以下便是濒临生产的几个征兆：

＊腹部下坠：接近生产前，因胎头进入骨盆腔内，产妇会觉得肚子略往下坠。

＊阵痛：要生时，子宫会开始有规律性的收缩，使产妇感觉疼痛，这种现象就称为"阵痛"。初产妇每隔10分钟阵痛2~3次，经产妇每隔10分钟1~2次时，即可准备入院待产。但必须衡量胎次、住家与医院的距离及交通状况而略作修正。

＊见红：指阴道流出少量血液，这是接近生产时子宫颈开始扩张的信号。只要见红即表示"快了"，必须先做好生产的准备工作，并与医院联络。但若流出的量比月经多，出现大量血块或并发局部腹痛时，便要考虑分娩期并发症或是胎盘异常出血的可能，必须立即就诊。

＊破水：羊膜破裂后，羊水由阴道不由自主地流出透明的液体，为俗称的"破水"。破水时，可能会发生脐带脱出而危害到胎宝宝，所以不论是否出现阵痛，都应该立刻就医，且尽量平躺。

破水后，遭遇感染的机会增加。时间愈长，感染的机会愈大，因此，最好在破水后24小时内完成生产，以免发生感染。若在家中发生破水情况，可先用的处理方法是：使用产垫或卫生巾先垫着；勿随意走动；立即送医院待产。

孕晚期常见的
不适症状及改善方法

准妈妈进入怀孕最后一个阶段，肚子更大，行动也更不方便了，因为增大子宫的压迫，让准妈妈的身体更辛苦，也更不舒服。我们针对这些不适症状，提供一些改善方法，希望能供准妈妈参考。

不适症状 1 水肿

★什么是水肿

孕晚期准妈妈的下肢末梢会出现水肿的症状，最早会出现在足背，随着接近生产，水肿更厉害，连平常穿的鞋子都套不进去了，甚至手指水肿，早上会感觉手指僵硬。为了测试水肿，可用食指按压脚踝或觉得有水肿的部位，压了以后，压痕久久不散，就是水肿。

★原因

• 怀孕期间黄体素的大量分泌。
• 怀孕后血液量大增，稀释导致水分向细胞组织流动。
• 日渐增大的子宫压迫到下肢血管，使下半身的血液不易回流。

★改善方法

• 少吃过咸的食物，以免水分滞留。
• 平常也要避免久站久坐，坐着和躺着的时候，也可以利用小枕头把脚垫高，能帮助下肢血液回流，减轻水肿的程度。
• 如果脚部出现酸痛感，则可以用约38℃~40℃的温水泡脚，并施以轻微的按摩，这样就能有效减轻不适的感觉了。
• 手部出现僵硬时，可以多活动一下手，就会改善许多。

★注意事项

准妈妈一旦发现脸部也出现水肿现象，尿液测定有蛋白尿，合并血压升高，可能就不是单纯的水肿了，应尽快就医检查治疗。

★水肿什么时候会消失

女性一般生完小孩1个星期，下肢水肿大部分会消失，全部消失要约1个月；手指水肿持续时间较久，约需1个月。

不适症状 2 睡眠品质不佳

★原因

怀孕8个月后，随着胎宝宝不断地急速成长，肚子隆起的速度也更快了，肚子里的胎宝宝在妈妈睡觉时会压迫到脊椎，使人睡不安稳。准妈妈如果要翻身，也会觉得十分吃力，尾椎骨也会感到疼痛而被迫醒来，打断睡眠。

★改善方法

• 做一些简单温和的伸展运动。
• 睡前不要喝太多水，以免半夜起床上厕所，中断睡眠。
• 有些准妈妈平躺会感觉肚子上压了一颗大石头，可改用左侧卧睡觉，有助睡眠。

不适症状 3 食欲变差

★原因

此时胎宝宝正努力长脂肪给自己增重，撑大之后的子宫也逐渐向上挤压到胃部，使胃部空间缩小，食欲也跟着变差了。一直要到更接近生产的时候，胎宝宝开始逐渐下坠，准妈妈才能恢复原来的胃口。

★改善方法

• 采取少食多餐的方式进食。

• 烹调要注意清淡而不油腻，以免增加胃部的负担。

不适症状 4 胃灼热感及胃酸逆流

★原因

怀孕初期及后期，准妈妈容易因为胃酸过多或子宫增大的压迫使胃部位置改变、胃液回流刺激食道。

★改善方法

• 少吃粗糙、不易消化或易发酵的食物。

• 少食多餐，饭后勿立刻躺下，躺卧时上半身略为抬高，严重时则应请医生诊治。

不适症状 5 贫血

★原因

胎宝宝在子宫里长到8个月大时，大约有2000克重，需要制造更多的血液来运送养分和代谢废物，因此必须比以前吸收更多的铁质，而且要直接从母亲的身体取得，所以在孕晚期准妈妈容易出现缺铁性贫血的现象。

★改善方法

• 加强摄取含铁质丰富的食物，如牛肉、猪肝、蛋黄及深绿色的蔬菜，若仍不足，可在询问过医生后补充铁剂。

• 多摄取叶酸、维生素B_6、维生素B_{12}、维生素C等对造血有帮助的营养素。

• 避免喝茶，以免茶中的单宁酸会阻碍铁质的吸收。

• 准妈妈因贫血常会出现下床或一下子站起来感到晕眩、胸闷的情况，所以在改变姿势时，要慢慢来以免跌倒。

★注意事项

准妈妈若有严重贫血的现象，在生产过程中，少数的红细胞无法紧急应付大量出血的状况，可能在产程中会发生危险。这种状况在产检时就要预先和医生讨论预防方法，才能确保生产顺利进行。

不适症状 6 皮肤痒

★原因

进入孕晚期之后，肚子愈来愈大，腹部的皮肤被迫极度扩张，肌肉纤维过于伸张的结果就是，准妈妈不但会产生瘙痒感，也会在皮肤表面出现妊娠纹。

★改善方法

• 洗澡的水温不要过热，以免皮肤干燥，使干痒的情形更严重。

• 适度搽乳液、婴儿油、橄榄油或是妊娠霜，滋润腹部肌肤，可减轻瘙痒的不适感。

孕晚期常见的合并症

孕晚期是进入生产的倒数阶段，更要注意常见的合并症，以便尽早获得控制，顺利生产。★

妊娠高血压

★什么是妊娠高血压

妊娠高血压是指怀孕时引起的高血压，即血管收缩压大于140mmHg或舒张压大于90mmHg，不合并尿蛋白，而且在产后12周内恢复正常的现象。

准妈妈在怀孕5个月之后才发生妊娠高血压，并伴有蛋白尿、全身水肿等症状，则称为"先兆子痫"。

"先兆子痫"的准妈妈若出现抽搐或昏迷，则是最危险的"子痫"。

★妊娠高血压的危险人群

有一半发生在第一胎的准妈妈身上，而且大都是年纪很轻或是高龄的准妈妈；此外，有高血压家族病史、本身即有高血压、肥胖或肾脏病等的准妈妈，都是该病的高危险人群。

★妊娠高血压的症状

初期通常不会有什么不舒服，至多是有轻微的下肢水肿及偶发性头痛。但随着怀孕周数增加，舒张压不断上升，使得蛋白质在肾小球的过滤增加，"蛋白尿"便会开始出现。由于血压升高加上血管壁通透性改变，让过多的水分滞留在组织中，造成全身水肿。

★对准妈妈和胎宝宝的影响

准妈妈会出现一些严重的高血压并发症，如脑水肿、脑卒中、肺水肿等病变，也有可能会出现抽搐、痉挛的症状，甚至会因摔倒或昏迷时呕吐而造成意外。

在胎宝宝方面，高血压会破坏胎盘末梢血管，造成胎盘功能坏死，进而影响胎宝宝，出现营养不良、发育迟缓，甚至胎盘有可能会早期剥离出血，使胎宝宝有生命危险。

★注意事项

准妈妈要增加产检次数，以掌控胎盘功能和胎宝宝生长情形，并适时服用降压药。另外，准妈妈也必须自行控制饮食与体重，尤其是盐分的摄取不宜偏多，应该多吃高蛋白、低脂肪、低淀粉的食物，避免食用刺激性食物。

前置胎盘

★什么是前置胎盘

正常的胎盘应位于子宫的上半部，如果发生胎盘的一部分或全部下坠，几乎要覆盖住子宫颈内口的情形，便称为"前置胎盘"。

前置胎盘可分三大类型，部分性、边缘性及完全性。其中完全性前置胎盘会使准妈妈发生无痛性出血，尤其愈接近生产时间，胎盘愈大，出血量会更多。

以前，前置胎盘是生产的一大风险，但随着医疗水平的进步，产前就可透过超声波检并确认，借以观察和掌握胎盘的状况。一般产检若发现持续性的完全性前置胎盘，建议采用剖宫产较为安全。

★原因

有可能是子宫的血流分布不均、胚胎着床的位置偏子宫下部、子宫内膜炎、子宫内膜受损及胎盘发育过大等原因造成。

★对准妈妈和胎宝宝的影响

在准妈妈方面，会造成严重贫血或凝血功能失常而大量失血，危及生命安全。在胎宝宝方面，则有可能会发生缺氧现象，甚至失去生命迹象。

★注意事项

按时做产前检查，多休息，避免剧烈运动；饮食上也可多补充铁质，预防缺铁性贫血。万一有大量出血并感觉子宫收缩状况出现，就应立刻送医止血治疗或临产。

自然产与剖宫产

自然产和剖宫产都各有优缺点，单以愈后的情形来说，如果产检没有发现异常状况，医生仍会建议准妈妈选择自然产。自然产虽然生产过程比较辛苦，但产后恢复较快且佳，准妈妈也可以很快下床和胎宝宝培养亲子感情。

	自然产	剖宫产
定义	由子宫收缩从阴道自然生出胎宝宝，且能自行排出羊水、胎盘及胎膜等怀孕产物的全部过程。	利用手术开刀打开腹腔和子宫，直接从开口处分娩胎宝宝，并由医生将怀孕产物一并清理取出，再缝合伤口的全部过程。
花费的时间	全程大约需1~2天，要视初产或经产妇以及个人状况而定，一般第一胎生产的时间较长。	手术时间约2~3小时。
费用	医保给付，仅负担部分及差额项目费用。	医保给付，仅负担部分及差额项目费用。
优点	• 只有会阴有小伤口，感染概率较低。 • 严重出血概率低，并发症较少。 • 产后恢复快，同时也能立即进食。 • 可以立即与婴儿接触，增进亲子关系。 • 产道挤压后，排出多余的羊水可增加胎宝宝肺部功能。 • 住院天数少，比较经济，且恢复快。	• 因麻醉而无痛感，且能缩短生产时间。 • 减少突发性的生产风险。 • 控制病因性的生产风险。 • 可以选择一定的时间生产。 • 阴道不会有撕裂伤。
缺点	• 有强烈的阵痛。 • 容易发生突发状况，例如难产。 • 阴道及阴道口会有撕裂伤。 • 少数产后可能发生无预期的大量出血。 • 阴道松弛。	• 伤口面积大，术后疼痛且可能发生感染。 • 产后恢复较慢，住院时间长。 • 出血量多，或开刀可能引发大量出血。 • 麻醉的风险及后遗症。 • 胎宝宝肺内羊水不易排出，常会造成新生儿呼吸窘迫。

无痛分娩 打了就真的不痛？

无痛分娩是指在不伤害母亲和胎宝宝的前提下，用止痛药或麻醉药品在产妇阵痛时施打，借以减轻疼痛感的一种支持性治疗。一般最常打在腰椎处，施打的最佳时间点是在子宫颈开3厘米之后。

★**无痛分娩的优点**：最大的优点是能缓解疼痛，让产妇增加子宫的血流量并改善子宫收缩，同时也能减少胎宝宝在子宫里因缺血缺氧而发生危险的概率。使用无痛分娩并不是完全不痛，而是在必须维持全身肌肉仍能活动自如的情况下，把疼痛感降低七至八成，让阵痛变得可以忍受。

★**无痛分娩的缺点**：无痛分娩因为没有感觉到痛，会延后产程进展，而且麻醉剂会抑制胎宝宝的呼吸。此外，有些产妇分娩后会有腰酸的后遗症。

 2人份   50千卡

凉拌三丝

❋材料

小黄瓜........1根
金针菇 50克
绿豆芽 30克
圆白菜 1叶
红辣椒 1根

❋调味料

酱油 1小匙
陈醋 1/2小匙
糖 1/2小匙
盐 ....少许
香油 1小匙
白胡椒粉 ....少许

❋做法

1.. 小黄瓜和圆白菜叶切细丝；金针菇切去约1厘米的根部；绿豆芽摘去头尾部分；红辣椒剖开、去籽、切细丝，备用。

2.. 金针菇放入滚水中汆烫10秒捞起；再放入豆芽汆烫5秒即快速取出，放进冷水中冲凉。

3.. 所有材料彻底沥干水分，放入大碗中，加入所有的调味料拌匀后，静置冰箱内2小时，直到入味即可。

▲ MENU 01

贴心分享……

☆准妈妈怀孕末期，因子宫增大使得胃部常因挤压感而使食欲变差。此道专为准妈妈精心设计的凉拌开胃菜，清淡中带着微微酸辣口感，很适合准爸爸动手做给辛苦的老婆享用。而且，凉拌三丝中的材料皆是高纤维、高维生素C的蔬菜和多糖体的菇类，能帮助肠胃蠕动，使怀孕末期活动较少的准妈妈减少发生便秘的情况。

Pregnant Recipes

 孕晚期

针对7~10个月的准妈妈设计的营养美食

 2人份  176千卡

清蒸三丝鱼卷

❋材料

白肉鱼片 ....4片 (约长10厘米、宽4厘米)

芦笋 6根

干香菇 2朵

胡萝卜 ....少许

葱 1根

❋腌料

盐 ....少许

白胡椒粉 ....少许

❋调味料

香油 1小匙

蚝油 1/2小匙

淀粉 1小匙

水 3大匙

❋做法

1.. 鱼片撒上腌料，腌20分钟；香菇泡水5分钟，换水续泡15分钟，待软即取出；所有的调味料调匀，备用。

2.. 芦笋切去根部较老部分约3厘米，再切成4厘米长段；香菇切丝；胡萝卜削皮，切4厘米细长段；葱切丝后，泡入冷水中，备用。

3.. 腌好的鱼片摊平，放上适量的香菇丝、胡萝卜丝、芦笋段，如春卷般包卷固定成型。

4.. 蒸盘表面抹上少许油，排入鱼卷，卷边朝下压住，以免鱼卷打开。

5.. 炒锅架上蒸架，放入鱼卷，先以大火蒸7分钟，熄火取出，撒上葱丝。

6.. 锅中倒入调好的调味料，以中小火煮开，直接淋在做法5的鱼卷上。

贴心分享....

☆此菜建议选用红石斑或米鱼较佳，最好是鲜鱼。烹调出的鱼卷口感最佳，味道也鲜美。如用红石斑鱼，可先一刀切下至鱼片不切断，第二刀切断鱼片，再打开鱼片将材料包入，就会如同图片中宛如一条美丽丝带绑住鱼卷；米鱼也是同样做法。

☆鱼肉中含优质蛋白质，又属低油脂食物，不仅可提供胎宝宝发育所需的蛋白质，怕身材变形的准妈妈也可放心享用。

 2人份　　 248.5千卡

清蒸牛肉丸子

✽材料
牛绞肉 150克
豆苗 ....少许

✽腌料
蛋白 1/3颗
酱油 1/4小匙
姜汁(或姜末) ....少许
淀粉 1小匙
白胡椒粉 ....少许
香油 ....少许

✽调味料
A.蚝油 1小匙
　淀粉 1小匙
　水 2大匙
B.油 ....少许

☆牛肉含丰富的铁质及蛋白质，不仅可降低准妈妈怀孕末期贫血的概率，还可供给胎宝宝肝脏内铁质的需求(胎宝宝肝脏中的铁需维持到出生4个月足够的量)，是非常好的营养来源。

☆牛肉丸需摔打产生黏性，口感才会滑嫩结实，但此时准妈妈不宜举手作粗重动作，建议可请准爸爸或家人代劳；再加上以清蒸方式烹调可减轻油腻，避免摄取过多油脂导致怀孕后期可能产生的肥胖和妊娠高血压。

✽做法

1.. 取一个不锈钢容器，放入牛绞肉及所有的腌料拌匀成馅，再用力摔打约20次，放到冰箱内冷藏2小时；调味料A先拌匀，备用。

2.. 取30克的牛肉馅，用右手虎口捏成小圆球，依序做完所有的材料，即为牛肉丸。

3.. 蒸盘表面抹上一层油，放上牛肉丸，放进蒸锅内，待水沸后转中小火续煮25分钟。

4.. 豆苗放入滚水烫熟，捞起铺于盘面，再放上牛肉丸。

5.. 取锅，倒入拌好的调味料，以小火煮开，直接淋在牛肉丸上。

孕晚期

Pregnant Recipes

● 针对7~10个月的准妈妈设计的营养美食

2人份  340千卡

枸杞烩海参

※材料
海参(黑色刺参) 2条
枸杞 20粒
熟笋(小) 1根
豌豆 ....少许
葱 2根

※汆烫料
葱 1根
老姜 4片
水 3杯
米酒 1小匙

※腌料
陈年绍兴酒 1小匙
水 2大匙

※调味料
蚝油 1/2大匙
糖 1/4小匙
盐 ....少许
米酒 1小匙
高汤(或水) 1杯

※勾芡汁
淀粉 1小匙
水 1/2大匙

※做法

1. 枸杞用腌料浸泡30分钟(可增加香气);海参切开腹部,洗净肠砂后,直切成4长条;笋切片;葱切段;勾芡汁材料调匀,备用。

2. 海参与汆烫料放入滚水中,以中火煮5分钟,捞起沥干水分。

3. 炒锅小火预热,加入1大匙油后,放入葱段以小火爆成浅黄色后,放入海参条和笋片以中小火炒匀。

4. 加入所有的调味料,转大火煮开,盖上锅盖,再改小火煮烩10～15分钟。

5. 待锅中汤汁剩一半,掀开锅盖,放入豌豆略煮,再放入枸杞连汁一起以中火煮开,淋入勾芡汁续以中火拌匀。

贴心分享....

☆准妈妈怀孕末期需小心摄取肉类蛋白质,而无胆固醇、低脂肪的海参不仅含有氨基酸、矿物质及碘,又含胶质软骨素,能强化身体组织,防止内脏及皮肤老化,对胎宝宝皱皱皮肤的再生能力及生长出柔软细致的皮肤,有非常大的益处。

☆枸杞中的B族维生素,虽对准妈妈有安定情绪的作用,但准妈妈不宜多吃,以免上火而口干舌燥。此外,准妈妈怀孕后期体重如过重,应避免用高汤烹调,改以水来烩煮较佳。

鲜果虾球

✳材料

菠萝 1/4个

哈密瓜 1/4个

苹果 1个

虾仁 150克

草菇 (或鲜香菇) 5朵

红甜椒 30克

葱 1根

✳腌料

淀粉 1/2小匙

盐 ....少许

香油 ....少许

白胡椒粉 ....少许

✳调味料

A.盐 ....少许

柠檬汁 1大匙

冷开水 1/2杯

B.盐 1/2小匙

淀粉 1/2小匙

C.盐 ....少许

✳勾芡汁

新鲜柳橙汁 1/3杯

淀粉 1/2小匙

✳做法

1.. 菠萝、哈密瓜及苹果以挖球器挖成球形，各挖出5粒；苹果球需放入加盐、柠檬汁的冷开水中浸泡；红甜椒去籽、切片；葱切段；勾芡汁材料调匀，备用。

2.. 虾仁以盐和淀粉抓拌一下，冲洗干净后，沥除水分，再用厨房纸巾拭干。

3.. 在虾背上划开一刀 (使其熟后呈球状)，挑除背上泥肠；放入腌料抓匀，放到冰箱内冷藏1小时。

4.. 草菇放入滚水中氽烫20秒取出，再放入红甜椒氽烫10秒，捞起沥除水分。

5.. 炒锅中小火预热，加入1大匙油后，放入葱段以小火爆香至呈浅黄色，捞除不用后，再放入虾仁以中小火炒至虾球变色，加进水果球、草菇、红椒片及盐，以大火炒匀后，淋入芡汁，略收汁即可。

贴心分享…

☆虾仁、螃蟹、蛤蜊、牡蛎、章鱼、墨鱼等海鲜含丰富的锌，对于胎宝宝生长、性器官发育及毛发、皮肤的健康都很重要，准妈妈别忘了适时补充。但是，如果准妈妈属过敏体质，建议可将虾球改为鸡肉或牛肉较佳。

☆水果入菜除可增加维生素C的摄取，更能促进肠道铁质的吸收，又可减轻烹调时不必要的糖分与调味料以防准妈妈吃下过多的热量，造成胎宝宝过重或母体过胖。

 孕晚期

Pregnant Recipes

● 针对7~10个月的准妈妈设计的营养美食

鲜金针炒肉丝

 2人份　 262.5千卡

❋材料

瘦猪肉 100克
鲜金针花 100克
鲜香菇 1朵
大蒜 2瓣
红辣椒 1根

❋腌料

酱油 1小匙
淀粉 1小匙
香油 ....少许
白胡椒粉 ....少许
蛋清 ....少许

❋调味料

高汤 1/4杯
盐 1/6小匙

❋做法

1. 猪肉切粗条后，放入腌料抓匀，静置冰箱内冷藏约1小时。

2. 鲜香菇去蒂头、切条；大蒜切片；红辣椒剖开去籽、切丝，备用。

3. 金针花放入滚水中氽烫后，捞起、沥干水分，备用。

4. 炒锅中火预热，加2大匙油以中小火烧热，放入猪肉丝以中火炒至变色，盛入漏勺内沥除多余油。

5. 利用锅中的余油，放入蒜片以小火爆香后捞除，先加入香菇略炒过，再放入辣椒丝、金针花、高汤，改中大火炒熟金针花，再放入猪肉丝和盐调味即可。

🍀 贴心分享

☆鲜金针花中所含蛋白质、B族维生素、维生素A、维生素C及铁、钙、镁、钾是菠菜的1倍，不仅能增强肝脏功能，更可解肝毒及燥热，能帮助稳定准妈妈紧张的情绪及改善睡眠。但市面上的干燥金针花，由于经过人工处理及长时间在空气中被氧化，营养价值及鲜度都不如新鲜的好，建议用新鲜金针花烹调。

▼ MENU 06

孕晚期

Pregnant Recipes

● 针对7~10个月的准妈妈设计的营养美食

▲ MENU 07

三彩牛肉丝

 2人份　 421千卡

✳材料
牛肉丝 200克
红甜椒 50克
黄甜椒 50克
青椒 50克
大蒜 2瓣

✳腌料
酱油 1/2大匙
淀粉 2小匙
香油 1小匙
白胡椒粉 1/6小匙

✳调味料
酱油 1/2小匙
盐 1/2小匙

✳做法

1... 牛肉丝放入腌料抓匀后，放到冰箱内冷藏1小时，备用。

2... 红甜椒、黄甜椒、青椒全部切丝；大蒜拍碎、切细丁，备用。

3... 炒锅中火预热，倒入1/2杯油改小火烧热，放入牛肉丝，以筷子翻动牛肉丝，直到肉的颜色转变盛起，放入漏勺内沥去多余油，备用。

4... 炒锅内留1小匙的余油，放入蒜末以小火爆香后，加入红甜椒丝、黄甜椒丝、青椒丝和2大匙的水，改中火快炒至收汁，续加入牛肉丝大火翻炒数下，放入酱油、盐略翻炒即可。

贴心分享……

☆甜椒富含维生素C，对胎宝宝皮肤、韧带及骨骼的健康相当重要。牛肉中的矿物质，特别是铁及锌，对贫血的准妈妈帮助非常大。

☆如果准妈妈怀孕末期贫血未获得改善，建议请妇科医师开适合服用的铁剂补充，以储备体内足够的血液，应付生产过程中需流失的血量。需注意的是，铁剂不宜在市面随意购买，以防服用不当，引起不必要的副作用或危险。

 1人份　 293千卡

香葱鸡排

✱材料
去骨母鸡腿 1只
洋葱 60克
新鲜法香 ....少许

✱腌料
盐 ....少许
黑胡椒粉 ....少许

✱调味料
蜜汁烤肉酱 1大匙
新鲜葡萄柚汁 1/2杯
水 1/2杯

✱做法

1.. 鸡腿以1小匙盐(分量外)搓洗鸡皮，再用清水冲洗干净后，用厨房纸巾拭干水分，在腿筋处划一刀(不需切断)，腌料均匀抹在鸡腿排两面，移入冰箱内冷藏1小时。

2.. 洋葱切丝；法香切细末，用厨房纸巾包住压干水分；所有的调味料调匀，备用。

3.. 平底锅以中小火烧热，将鸡腿排鸡皮面朝下贴住锅面，盖上锅盖，以中小火干煎约10分钟，直到鸡皮面呈金黄色，盛起。

4.. 洋葱丝放入平底锅中，利用鸡排煮出的油以小火炒香洋葱，加入拌好的调味料以中小火煮开，再放入鸡排，转中火煮3分钟收汁，翻面再煮3分钟收汁，盛盘，撒上法香末即可。

贴心分享....

☆洋葱可预防感冒、增强抵抗力，对准妈妈也有保护骨骼、预防骨质疏松和脚底抽筋的功用。

☆怀孕末期仍有贫血状况的准妈妈也许对肉类食物提不起胃口，建议烹调用的调味料加入葡萄柚汁、柳橙汁、柠檬汁等，让清甜中带着微酸的果香增加食物的爽口性，而且此菜不加油，而是直接将鸡皮上的油脂逼出，可减少鸡排的油腻，避免吃到过多的油分。

 孕晚期

Pregnant Recipes

●针对7~10个月的准妈妈设计的营养美食

红烧鱼肚

 2人份　 265千卡

※材料
鳕鱼肚或草鱼肚 1片
（约300克）
葱 1根
老姜 2片
大蒜 2瓣

※腌料
盐 1/2小匙
黑胡椒粉 ....少许

※调味料
A.酱油 3大匙
糖 1大匙
米酒 1/4杯
水 1杯
B.陈醋 1/4小匙

※做法

1. 鱼肚以厨房纸巾拍沾掉多余水分，在鱼肚内外抹上腌料，静置30分钟。

2. 葱切段，葱白的部分切丝，放入清水中浸泡；大蒜切片；调味料A调匀，备用。

3. 炒锅中火预热，加2大匙油烧热，放入鱼肚续以中火煎至鱼可翻动，翻面再煎，直到两面金黄取出。

4. 锅中只留约1大匙余油，放入葱段、姜片及蒜片以小火爆香，续放进鱼肚、拌好的调味料A，续以小火慢慢收汁（鱼肚中途需翻面一次）。

5. 鱼肚煮至收汁入味，淋入陈醋，挑去葱、姜、蒜，盛盘，撒上葱白丝装饰即可。

贴心分享……

☆鱼肉中的蛋白质属优质蛋白质，所含的脂肪、胆固醇都较低，对不喜爱吃牛肉、猪肉的女性是非常好的营养来源，且选择含鱼油的鱼肚，能使鱼肉吃起来较鲜嫩，烹调后肉质也不易变硬。

☆鱼油中含大量ω-3脂肪酸，有预防心脏及心血管疾病的功能。此外，鱼油的维生素D还可帮助肠道吸收钙和磷，预防骨骼中的钙流失。

▲MENU 09

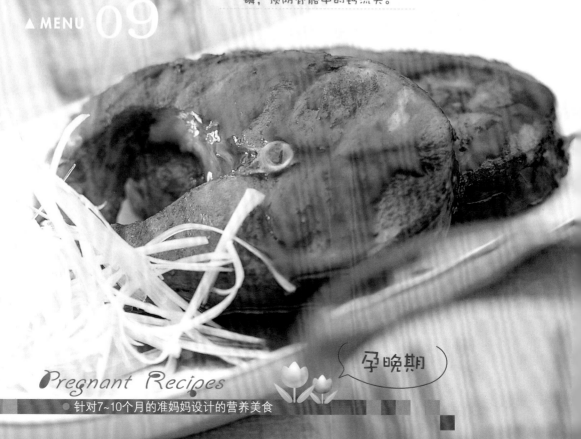

孕晚期

Pregnant Recipes

● 针对7~10个月的准妈妈设计的营养美食

柠香咕噜鱼

2人份　　🔥 435千卡

✳材料

草鱼肉片 300克
鸡蛋 1个
柠檬片 4片

✳腌料

香油 1/2小匙
盐 ....少许
白胡椒粉 ....少许

✳调味料

A.淀粉 2/3杯
B.柠檬汁 2大匙
　番茄酱 2大匙
　糖 1大匙
　淀粉 1大匙
　香油 1小匙
　水 1/2杯

✳做法

1.. 草鱼肉片切3厘米块状，放入腌料抓匀，静置20分钟，再打入1个鸡蛋，以手抓匀，分3次加入淀粉充分抓匀，移入冰箱内冷藏1小时；调味料B拌匀，备用。

2.. 炒锅倒入3杯油，以中火加热至油温150℃，逐一放入鱼块，以中火炸至外观淡黄色，捞起。

3.. 油锅改中大火重新烧热，全部鱼块倒入续炸30秒逼油，快速捞起沥干多余油。

4.. 将油锅中的余油倒出，以厨房纸巾擦干净锅面油污后，倒入拌好的调味料B以小火煮开，加入柠檬片、鱼块，转大火快炒至收汁。

贴心分享……

☆《本草纲目》中提及，草鱼有安抚情绪、滋补身体的功效，食疗效用极佳，准妈妈不妨多食用。用鱼肉代替猪肉做咕噜肉，除了减少油腻感，更可为小宝贝和准妈妈的健康多加点分。

☆柠檬的香味，有芳香自然的疗效，对即将临盆前的准妈妈的紧张不安情绪有安抚的作用。

 2人份 100千卡

苦瓜蒸小排

❋**材料**
小排 150克
苦瓜........1/2条
红辣椒 1/2根
紫苏梅 3粒

❋**腌料**
蚝油 1/2小匙
淀粉 1小匙
香油 ....少许
白胡椒粉 ....少许

❋**调味料**
紫苏梅汁 1/2小匙
淡酱油 1/6小匙

❋**做法**

1. 小排放入紫苏梅、腌料抓匀，放到冰箱内冷藏一晚；苦瓜切块后，浸泡盐水10分钟，去除苦涩味，捞出干水分；红辣椒剖开、去籽、切细丝，备用。

2. 将苦瓜、小排、紫苏梅与调味料一起拌匀，撒上辣椒丝，放进大碗中，将大碗放入蒸锅中蒸50分钟，取出再略拌匀即可。

贴心分享......

☆苦瓜含维生素C、B族维生素和少量的铁，食用可解燥热降火气，对怀孕后期引起的胎火或疮毒有不错的改善效果，且其还能增进唾液及胃液的分泌，增进食欲。

孕晚期

Pregnant Recipes

● 针对7~10个月的准妈妈设计的营养美食

2人份  215千卡

胡萝卜炒蛋

✳ 材料
胡萝卜 150克
鸡蛋 3个
葱 1根

✳ 调味料
A.油 1/4小匙
　盐 .....少许
　水 1/2杯
B.柴鱼酱油 .....少许
　香油 .....少许
　白胡椒粉 .....少许

✳ 做法

1.. 胡萝卜削皮、切丝；葱切碎末，与鸡蛋和调味料B搅拌均匀，备用。

2.. 炒锅内放入胡萝卜丝和调味料A，以小火先炒匀，再煮5分钟，熄火盛起胡萝卜，倒入做法1的蛋液中拌匀。

3.. 炒锅中火预热，加入1大匙油烧热，倒入做法2的胡萝卜蛋液后转大火，快炒至半凝固状时即可。

贴心分享....

☆胡萝卜中的β-胡萝卜素可由体内吸收转换成维生素A，对胎宝宝表皮黏膜的完整与细胞正常分化大有帮助，但其属脂溶性维生素，需结合油脂才可被肠胃吸收。

☆鸡蛋方便取得，又容易烹调。不过，准妈妈食用鸡蛋应以熟食为佳，以免鸡蛋中含有细菌导致食物中毒。

▲ MENU 12

 4人份　 322.5千卡

什锦排骨汤

 2人份　 237.5千卡

莲藕红枣鸡汤

❋材料

排骨 300克
玉米 1根
牛蒡 1/2根
胡萝卜 1/2条
干香菇(小) 6朵
水 1500毫升

❋调味料

盐 1小匙

❋做法

1. 排骨放入滚水中以中火煮5分钟，捞起后冲冷水，洗去杂物及血水；香菇泡水5分钟，换水续泡15分钟直到变软。

2. 玉米切4厘米段状；牛蒡削皮，切4厘米段状，泡水3分钟捞起；胡萝卜削皮、切片；香菇切半，备用。

3. 取汤锅，放入排骨、玉米、牛蒡、胡萝卜片、香菇片及水，先以大火烧开，改中小火煮1小时，加入盐调味即可。

❋材料

土鸡腿 1只
莲藕 2节
红枣 8颗
水 1200毫升

❋调味料

盐 1小匙

❋做法

1. 土鸡腿剁块；莲藕外皮以丝瓜布洗净、切片；红枣泡水30分钟，取出后用手指剥开红枣，去核籽，备用。

2. 鸡腿块放入滚沸水中汆烫去血水，取出冲冷水洗净，备用。

3. 将莲藕片及水放入锅中，水沸后以中小火续煮50分钟，放入鸡腿块及红枣，再以中小火续煮50分钟，加盐调味即可。

 贴心分享

☆牛蒡里的菊糖可帮助增加体力，提升免疫力和性活力，平时准妈妈即可多加食用，且其所含的丰富纤维素还可帮助肠道的蠕动。

☆胡萝卜中的β-胡萝卜素经体内吸收可转换为维生素A，对胎宝宝的皮肤和视神经的发育都有帮助。

▲MENU 13

Pregnant Recipes

 孕晚期

针对7~10个月的准妈妈设计的营养美食

☆ 莲藕中丰富的维生素B及少量的钙、
　铁、磷、钠，可帮助妈妈及胎宝宝
　能量的代谢，对准妈妈也有安定神经
　的作用；莲藕还能净血去淤、清热和
　解毒，对胎火较旺而引起的胎毒性青
　春痘，有不错的缓解、消炎功效。

☆ 红枣可补气养脾胃，去核食用不易
　使肝火过盛。

2人份　 195千卡

豆芽排骨番茄汤

✳材料
黄豆芽 300克
排骨 300克
番茄 2个
干海带芽 ....少许
水 1200毫升

✳调味料
盐 1小匙

✳做法

1.. 番茄在表皮划几刀，放入滚水中氽烫，直到
　刀痕处出现裂缝，然后取出泡在冷水中，用
　手剥除外皮后，切块状。

2.. 排骨放入滚水中，氽烫去血水，取出冲冷水
　洗净，备用。

3.. 取锅，放入黄豆芽、排骨及水，先以大火煮
　开，改小火煮1小时，续加入番茄块以小火
　煮30分钟，待番茄熟软，放入海带芽煮10
　分钟，再加盐调味即可。

贴心分享……

☆ 黄豆芽中所含的丰富的蛋白质、维生素A、磷，除
　可帮助胎宝宝生长发育外，当中的卵磷脂对胎宝
　宝脑部发育也很有帮助。番茄中的钾可帮助准妈
　妈代谢体内的钠，减轻水肿和净化血液，是可生
　食、烹煮或打成果汁的健康蔬果。

▲ MENU
14

▲ MENU

▼MENU **17**

▼MENU **16**

Pregnant Recipes

● 针对7~10个月的准妈妈设计的营养美食

孕晚期

104

 3人份　 352.3千卡　 2人份　285千卡

苋菜豆干盒子

✱材料
苋菜 200克
豆干 1块 (约100克)
干香菇 4朵
鸡蛋 1个
市售冷冻葱油饼或烙饼 3张

✱调味料
A.水 1小匙
香油 1小匙
盐 ....少许
白胡椒粉 ....少许
B.盐 1/4小匙
香油 1/2小匙
白胡椒粉 ....少许

✱做法

1.. 香菇泡水5分钟，洗净换水续泡15分钟，待软取出，切碎丁；苋菜切细碎；豆干切细丁；鸡蛋加入调味料A拌匀，备用。

2.. 炒锅中火预热，加1小匙油后，倒入鸡蛋液续以中火炒熟，用铲子快速不停地搅拌，再改小火翻炒 (动作需快)，使蛋呈细碎状，盛起备用。

3.. 香菇丁、苋菜丁、豆干丁及蛋碎加入调味料B拌匀，备用。

4.. 摊开饼皮，放入3大匙的馅料，饼皮边沾少许水，对折起来，将饼皮边用叉子紧压黏紧，使其呈半月形。

5.. 平底锅加1小匙油以小火预热，将馅饼放进锅内，盖上锅盖 (让上下受热均匀)，以小火慢煎至饼皮膨胀，翻面再煎3分钟，直到外观微焦，呈淡黄色。

紫米红豆粥

✱材料
红豆 1/2杯
紫米 1/4杯
薏仁 1/8杯 (30克)
新鲜百合 50克
水 800毫升

✱调味料
红糖 ....适量

✱做法

1.. 取汤锅，放入红豆、紫米、薏仁及水，浸泡约3小时。

2.. 将做法1泡软的材料先以大火煮开，盖上锅盖改小火煮40分钟，直到红豆微开口、紫米及薏仁熟透。

3.. 加入糖，续煮5分钟后，再加入百合以中火煮开，熄火，静置10分钟 (使材料入甜味) 即可盛起享用。

贴心分享....

☆苋菜有红白两种，红苋菜比白苋菜更有营养。苋菜具补血理气功能，所含维生素A、B族维生素及钙、铁、磷也极为丰富，贫血女性可多食用。如怕葱油饼热量太高，可单独将苋菜加大蒜清炒。

☆红豆含丰富的B族维生素和矿物质钾、钙、铁，对帮助准妈妈新陈代谢及稳定情绪有很好的作用。做紫米红豆粥时不一定要放薏仁，但如果在孕晚期准妈妈水肿厉害，吃红豆消肿效果不佳时，可放适量的薏仁来加强代谢。

4人份　616千卡

豇豆三鲜全麦水饺

✲材料
猪绞肉 300克
草虾仁 300克
豇豆 100克
干香菇 8朵
老姜 1块
市售全麦饺子皮 60张

✲调味料
A.盐 1小匙
　淀粉 1小匙
B.酱油膏 1大匙
　盐 1/4小匙
　香油 1小匙
　淀粉 1大匙

✲做法

1.. 虾仁以牙签挑除背上肠泥，用盐、淀粉抓拌，冲洗干净后沥干水分；香菇泡水5分钟，换水续泡15分钟，直到软，备用。

2.. 虾仁切细丁；豇豆摘去头尾硬丝，切1厘米的小丁；香菇切1厘米的小丁；老姜去皮，以搓泥板磨出约3大匙分量的姜泥，用滤网滤出姜汁，姜泥不要，备用。

3.. 猪绞肉与虾仁混合，加入调味料B与姜汁充分搅拌，使其产生黏性后，续加入豇豆丁、香菇丁拌匀，放入冰箱内冷藏3～4小时(可使水饺馅变扎实)。

4.. 取20克的水饺馅，包入一张水饺皮中，逐一完成所有的水饺的包裹动作，备用。

5.. 所有的水饺放入滚水中，第1次滚沸时加入1碗冷水，重复3次，确定水饺熟透并浮上锅面即可。

贴心分享...

☆豇豆是天津人对豇豆（四季豆）的称呼，其含丰富蛋白质、维生素C、钾、磷、铁、叶酸及锌，对胎宝宝的肌肉、生殖系统功能及脑部发育有极大帮助，更有增强准妈妈抵抗力的效果。

☆全麦中的粗纤维较完整，可帮助准妈妈预防便秘，但如买不到全麦饺子皮，建议可用全麦面粉或加入菠菜汁，自己擀饺子皮。

Pregnant Recipes

孕晚期

1人份　　187千卡

菠萝水果汁

❋材料

苹果 ......1/2个　　柠檬 1/4个
胡萝卜 ......1/2根　菠萝 150克
柳橙 ......1/2个　　冰开水 300毫升

❋做法

1.. 苹果去皮、去籽，切成块；胡萝卜、菠萝去皮、切块；柳橙去皮、去籽、切块，备用。

2.. 把做法1的所有材料及水放入榨汁机中，搅打均匀，再挤入柠檬汁，拌匀即可。

 1人份　kcal　165千卡

草莓酸奶果汁

❋材料

草莓 ......4颗　　原味酸奶 100毫升
香蕉 ......1/4根　冷开水 100毫升

❋做法

1.. 草莓放进黄豆粉水中浸泡15分钟(去农药)，取出后冲洗干净，摘去蒂头再以清水冲洗1遍；香蕉剥去外皮，切块，备用。

2.. 将所有材料放入榨汁机中，搅打均匀即可。

▲ MENU 20

贴心分享

☆在孕期适量摄取香蕉可增加钠排泄，减轻水肿，更可强化心脏肌肉组织；还可把水改为牛奶一同打成饮料，味道可口香郁，还能帮助肠胃蠕动与代谢。

孕晚期

Pregnant Recipes

● 针对7~10个月的准妈妈设计的营养美食

🍴 1人份　k cal　150千卡

红豆香奶

❋材料
市售豆浆 1杯
市售熟红豆 2大匙

❋做法

将豆浆与红豆放进果汁机中，
搅打均匀，即可。

🍴 1人份　k cal　125千卡

综合蔬菜果汁

❋材料
番茄 ....1个　　菠萝 100克
苹果 ....1/2个　西芹 20克
柠檬 1/4个

❋做法

1. 番茄切块状；苹果和菠萝去皮、切小块；
   西芹切段；柠檬挤汁，备用。

2. 所有切好的蔬果块放入果汁机中，搅打均
   匀后，倒入杯中，再加入柠檬汁拌匀。

贴心分享……

☆黄豆中的蛋白质除可帮助胎宝宝骨骼和肌肉的完整发育外，其丰富的维生素E还可预防新生儿发生溶血性贫血。

☆菠萝含有极特殊的锰元素，对准妈妈内分泌活动及磷酸钙的新陈代谢很有帮助，但因菠萝中的粗纤维极易伤害肠胃和干扰铁质的吸收，胃肠功能较差的准妈妈调成果汁饮用较佳。

☆打蔬果汁用新鲜的番茄可以帮助准妈妈新陈代谢，若想要补充番茄红素，则可改用罐头番茄，但注意要挑选不含盐的。

产检的项目及目的

检查项目	目的
第1次产检（怀孕第12周）	
体重	怀孕1~3个月，准妈妈体重增加约2千克~3千克
血压	测是否有妊娠高血压
抽血	血型是否为RH阴性或阳性、遗传性地中海型贫血筛检
血清	艾滋病检查、梅毒病毒、风疹病毒抗体筛检
尿液	是否因怀孕引起尿蛋白、尿糖现象
胎宝宝身长、体重	胎宝宝9厘米长、重15克~20克，大部分内脏器官已形成雏形
子宫大小	约12厘米（羊水量约50毫升）
超声波	确定是否是子宫内怀孕、怀孕周数、胎宝宝数、有无异常外观
第2次产检（怀孕第16周）	
体重	怀孕4~6个月，准妈妈体重增加约每周0.5千克，总共5千克~7千克
血压	测是否有妊娠高血压
尿液	尿糖、尿蛋白检测
子宫大小	约15厘米（羊水量约200毫升）
胎宝宝身长、体重	胎宝宝16厘米长、重120克~150克，胎宝宝能吸自己的手指
唐氏症筛检	检测唐氏症或神经管缺陷儿的概率
羊膜穿刺	针对高危险群的准妈妈，检测染色体异常
第3次产检（怀孕第20周）	
体重	准妈妈体重约每周增加0.5千克
血压	测是否有妊娠高血压
尿液	尿糖、尿蛋白检测
子宫大小	约20厘米（羊水量约400毫升）
胎宝宝身长、体重	胎宝宝约25厘米长、重350克~500克，会感觉到胎动
超声波	器官是否有缺陷或畸形（有需要可加做精密高层次超声波）
第4次产检（怀孕第24周）	
体重	准妈妈体重约每周增加0.5千克
血压	测是否有妊娠高血压
尿液	尿糖、尿蛋白检测
子宫大小	约22厘米~24厘米（羊水量约500毫升）
胎宝宝身长、体重	胎宝宝约33厘米长、重600克~700克，胎宝宝会打嗝
妊娠糖尿病筛检	喝糖水检测是否有妊娠糖尿病
第5次产检（怀孕第28周）	
体重	怀孕7个月，准妈妈体重增加约每周0.5千克
血压	测是否有妊娠高血压
尿液	尿糖、尿蛋白检测
子宫大小	约25厘米~27厘米（羊水量约500毫升）
胎宝宝身长、体重	胎宝宝约38厘米、重900克~1000克，胎宝宝的大脑迅速发育
第6次产检（怀孕第30周）	
体重	准妈妈体重增加约每周0.5千克
血压	测是否有妊娠高血压
尿液	尿糖、尿蛋白检测
子宫大小	约27厘米~32厘米（羊水量约600毫升~800毫升）
胎宝宝身长、体重	胎宝宝约40厘米长、重约1300克~1500克，胎宝宝能区分光亮和黑暗

第7次产检（怀孕第32周）

体重	准妈妈体重增加约每周0.5千克
血压	测是否有妊娠高血压
抽血	第2次梅毒检查、乙肝抗原筛检
尿液	尿糖、尿蛋白检测
子宫大小	约32厘米~38厘米（羊水量约1000毫升）
胎宝宝身长、体重	胎宝宝约42厘米长、重约1700克~1900克，胎宝宝的胎头开始向下、位置固定

第8次产检（怀孕第34周）

体重	准妈妈体重增加约每周0.5千克
血压	测是否有妊娠高血压
尿液	尿糖、尿蛋白检测
子宫大小	约32厘米~38厘米（羊水量约1000毫升，不会再增加）
胎宝宝身长、体重	胎宝宝约43厘米长、重约2200克~2400克

第9次产检（怀孕第36周）

体重	准妈妈体重增加约每周0.5千克
血压	测是否有妊娠高血压
尿液	尿糖、尿蛋白检测
子宫大小	约32厘米~38厘米
胎宝宝身长、体重	胎宝宝约45厘米长、重约2450克
阴道B群链球菌培养检查	确认准妈妈是否有乙型链球菌感染，以免在自然分娩的过程中传染给新生儿，易造成新生儿败血症感染

第10次产检（怀孕第37周）

体重	准妈妈体重增加约每周0.5千克
血压	测是否有妊娠高血压
尿液	尿糖、尿蛋白检测
胎宝宝身长、体重	胎宝宝约50厘米长、重约2850克
胎心音、胎动监测	借由监测胎心音、胎动确认胎宝宝活动力是否正常

第11次产检（怀孕第38周）

体重	准妈妈体重增加约每周0.5千克
血压	测是否有妊娠高血压
尿液	尿糖、尿蛋白检测
胎宝宝身长、体重	胎宝宝身高固定、重约3000克
胎心音、胎动监测	借由监测胎心音、胎动确认胎宝宝活动力是否正常

第12次产检（怀孕第39周）

体重	胎宝宝完全成熟，准妈妈体重不再增加
血压	测是否有妊娠高血压
尿液	尿糖、尿蛋白检测
胎宝宝身长、体重	胎宝宝重约3150克
胎心音、胎动监测	借由监测胎心音、胎动确认胎宝宝活动力是否正常

第13次产检（怀孕第40周）

体重	准妈妈体重不再增加
血压	测是否有妊娠高血压
尿液	尿糖、尿蛋白检测
胎宝宝身长、体重	胎宝宝约重3000克
胎心音、胎动监测	借由监测胎心音、胎动确认胎宝宝活动力是否正常

例行检查的意义

| 体重 | 初期3个月约可增加2千克~3千克，中期后每周可增加0.5千克，整个孕期合理的增重范围大约是12千克~16千克。 |

血压
- 怀孕时的血压可能比怀孕前略低。
- 在怀孕20周前，血压高于140/90mmHg，可能为慢性高血压。
- 在怀孕20周后，血压高于140/90mmHg，可能为妊娠高血压；若并有蛋白尿或全身水肿则称为先兆子痫，严重时会引起全身痉挛，称为子痫，危及母体与胎宝宝的生命。

验尿
（包含尿糖和尿蛋白）
- **尿糖**：正常阴（-）或微量(±)。若尿糖经常高过两价(++)以上，可能有葡萄糖耐受不良或糖尿病。
- **尿蛋白**：正常为阴（-）或微量(±)。若尿蛋白过高，可能是肾功能不良，若伴有高血压则为先兆子痫。

胎宝宝心跳
- 怀孕6~8周以上可由超声波看到心跳；10~12周以上可由腹部听到胎心音。
- 测不到胎心跳可能是胎宝宝较预估周数小、位置较偏、胚胎未发育或胎死腹中。

子宫大小
量子宫底与耻骨联合的距离可预估胎宝宝周数。

检查记录

Notes

怀孕期间常见的自费检查介绍

检查名称	适合做的周数	检测目的	做法	检测意义	备注
绒毛膜采样	9～12周	检测染色体或基因异常(直接)＊注	在超声波导引下经由子宫颈或腹部，用导管或细长针穿入胎盘组织内，吸取少量的绒毛进行分析	可在怀孕3个月内发现胎宝宝染色体异常，准确率99.9%	• 属于侵入性检查 • 造成流产及畸形率高
颈部透明带＋早期母血唐氏症筛检	9～13周	检测常见染色体异常概率或先天性常见畸形的胎宝宝(间接)	透过超声波测量胎宝宝颈部后方的皮下积水空隙，评估概率	颈部透明带增厚合并母血唐氏症概率评估，约可筛检9成的唐氏症异常	• 特定医疗院所才可做 • 也可怀孕中期时做"母血唐氏症筛检"，二者选一种做就可以
母血唐氏症筛检	15～20周	检测唐氏症或神经管缺陷儿的概率(间接)	抽母血	可筛检出约8成的唐氏儿及常见染色体异常概率	如果决定做羊膜穿刺，就可不用做此项
羊膜穿刺	16～24周	检测染色体异常(直接)	在超声波的定位和监测下，抽取20毫升～30毫升的羊水检测	可筛检出99.5%的染色体异常、准确率高	• 属于侵入性检查 • 约1%有流产或破水的风险
精密高层次超声波	18～23周	是否有器官的缺陷或畸形(间接)	直接由腹部超声波详细检查重要器官	约80%重大胎宝宝先天性畸形可借由高层次超声波找出，例如：脑积水、肾积水、肢体缺陷、唐氏症、脊椎、胃、肾脏、膀胱、脐带血管状况以及胎盘植入的位置等	并非所有的胎宝宝异常都可经超声波检测，可能受到胎宝宝移动或胎位影响，使检查受到限制
妊娠糖尿病	24～28周	检测是否有妊娠糖尿病	口服50克的葡萄糖，1小时后测血糖浓度	大于7.8毫克/升为异常，应进一步做75克口服葡萄糖耐量试验，以确定诊断	
阴道乙型链球菌检查	35～37周	检测是否受到乙型链球菌感染	从准妈妈的阴道口和肛门口采取分泌物检测培养	阳性反应表示有乙型链球菌感染，建议生产时打抗生素治疗，以免新生儿感染，易造成败血症	

＊注　直接表示"抽羊水中的胎宝宝细胞直接培养染色体"，而间接则表示"抽妈妈的血间接评估异常概率"，若危险概率偏高，则第二步骤才再抽羊水中的胎宝宝细胞"直接培养染色体"。